图数据挖掘理论、算法与应用

马小科　刘晓刚　著

西北工业大学出版社
西安

【内容简介】 本书从图理论、挖掘算法及生物医学应用三个层面对图数据挖掘的最新进展与成果进行了系统性的介绍，主要内容包括绪论、图挖掘基础知识、代数图论基础、图能量函数、图聚类量化模型与理论、半监督非负矩阵分解图聚类算法、时序网络图正则化聚类算法、多层网络图聚类联合学习算法、癌症属性网络挖掘算法、癌症恶化时序网络动态模式挖掘算法。

本书强调理论基础，注重算法研究，探索生物医学应用，可作为从事图数据挖掘的科研人员、从业者，以及高等学校研究生的基础性专业书籍。

图书在版编目(CIP)数据

图数据挖掘理论、算法与应用 / 马小科，刘晓刚著
—西安：西北工业大学出版社，2023.1
ISBN 978-7-5612-8626-5

Ⅰ.①图… Ⅱ.①马… ②刘… Ⅲ.①图像数据处理
Ⅳ.①TN911.73

中国国家版本馆 CIP 数据核字(2023)第 017524 号

TUSHUJU WAJUE LILUN、SUANFA YU YINGYONG
图数据挖掘理论、算法与应用
马小科 刘晓刚 著

责任编辑：华一瑾 **策划编辑**：华一瑾
责任校对：朱晓娟 **装帧设计**：高永斌 郭 伟
出版发行：西北工业大学出版社
通信地址：西安市友谊西路 127 号 邮编：710072
电 话：(029)88493844，88491757
网 址：www.nwpup.com
印 刷 者：兴平市博闻印务有限公司
开 本：787 mm×1 092 mm 1/16
印 张：8
字 数：190 千字
版 次：2023 年 1 月第 1 版 2023 年 1 月第 1 次印刷
书 号：ISBN 978-7-5612-8626-5
定 价：68.00 元

如有印装问题请与出版社联系调换

作者简介

马小科，西安电子科技大学计算机科学与技术学院教授、博士生导师，陕西省杰出青年科学基金获得者，2012年获计算机应用技术工学博士学位。2012—2015年在美国爱荷华大学从事博士后科研工作，2015年回国工作，2016年破格晋升副教授，2019年破格晋升教授。主要从事数据挖掘、机器学习、医学影像处理、生物信息学等领域的研究工作。在国际期刊发表科学引文索引(Science Citation Index，SCI)检索论文100多篇、基本科学指标数据库(Essential Science Indicators，ESI)高频次被引用论文(简称高被引论文)8篇。主持国家自然科学基金联合基金重点项目、面上项目、青年基金项目，陕西省杰出青年基金项目，陕西省重点研发项目，企业合作课题等20余项。获中国电子学会科技技术奖二等奖、陕西高等学校科学技术研究优秀成果奖一等奖、陕西省优秀博士毕业论文奖等奖项。

刘晓刚，澳大利亚墨尔本大学博士，西北工业大学副教授、博士生导师，数学与统计学院院长助理，民盟陕西省第十三届委员会专门委员会高等教育委员会委员，*Journal of Mathematics* 学术期刊编委。主要从事代数图论及其应用研究工作。主持国家自然科学基金项目2项、省部级自然科学基金项目4项，发表学术论文40余篇，ESI高被引论文1篇，164页SCI长文综述1篇。主讲本科生“抽象代数”、研究生“图谱理论”“代数组合”等学科基础课程与专业方向课程，主持/参与西北工业大学教育教学改革研究项目重点项目3项、一般项目1项、课程建设项目2项，获西北工业大学教学成果奖一等奖1项。指导本科生参加“全国/美国大学生数学建模竞赛”并获奖20余项。

前　言

自然界与社会中存在大量的复杂耦合系统，包括生态系统、基因调控系统、社交系统等，如何有效地刻画与描述这些系统是深入理解与分析结构和功能的前提条件。图(又称网络)提供了一种描述复杂系统的有效工具，其利用节点表示复杂系统中的实体，利用边刻画实体中的关联耦合关系。图已经渗透到人类的生产和生活之中，包括交通、金融、社交等。大规模存储设备与高性能计算设备的出现使得采集大规模复杂网络数据成为可能，为理解和解释复杂系统的潜在机理提供了巨大机遇。

图数据挖掘最早起源于18世纪的柯尼斯堡问题，代表性成果集中在数学证明上，如多面体的欧拉定理、四色问题等。随着研究的深入，研究人员发现大多数社会、生物和技术网络显示了大量非平凡的拓扑特征，它们的元素之间的连接模式既不是纯规则的，也不是纯随机的。这些特征包括度分布的重尾、高集聚系数、顶点之间的协调性或不协调性、社团结构和等级结构等。

如何快速、有效地挖掘出关键、潜在、有用的图模式成为图数据分析的关键。其涉及三大关键技术问题：挖掘的对象是什么，即图模式的定义问题；挖掘的方法是什么，即图模式挖掘算法的研究问题；挖掘的图模式有什么用，即图模式的解释与应用问题。这些问题也成为国内外研究人员关注的焦点。高性能计算设备的出现进一步推动了图数据挖掘理论、方法与应用的研究，各种令人鼓舞的研究成果层出不穷。但是国内尚缺少系统性地介绍图数据挖掘与分析的专著，笔者对自身近10年在图理论、图数据挖掘算法与应用研究成果进行归纳、总结，形成本书。

本书覆盖图数据挖掘理论模型、算法设计、在癌症和社交网络的应用研究，旨在让读者对图数据挖掘形成整体认识。本书包括4部分内容，其中：第1部分为绪论与基础知识(第1、2章)，主要介绍图书据挖掘的发展历史、基本概念、常见的图挖掘任务；第2部分为模型理论(第3～5章)，主要介绍图挖掘模型与理论，为后续算法设计提供理论支持；第3部分（第6～8章）为挖掘算法，介绍图模式挖掘算法，针对不同图数据研发相应的挖掘算法；第4部分（第9、10章）为图模式挖掘的癌症应用，介绍图模式在癌症基因网络中的应用研究。

本书各章节之间既存在一定的关联性，也有一定的独立性，读者可以根据兴趣进行选择性阅读。在写作本书的过程中，笔者尽量避免采用复杂的数学公式来推导算法。由于图数据挖掘算法是建立在图理论的基础上的，因此，如果读者具有高等数学与矩阵理论相关的基础知识，那么对理解本书具有一定的帮助。

在写作本书的过程中，笔者的学生黄志豪、冯宇、贾文韬、滑振鹏、高晓伟、宋飞等进行了材料整理与校对工作，同时，笔者参阅了相关文献资料，在此谨向所有协助本书出版的人员和文献资料的作者表示诚挚的谢意。本书得到了国家自然科学基金项目（61772394）、陕西省杰出青年科学基金项目（2022JC－38）、陕西省重点研发计划项目（2021ZDLGY02－02）的资助，在此表示感谢。

由于水平有限，书中难免存在不足之处，敬请各位读者批评指正，相关意见和建议请发送至 xkma@xidian.edu.cn。

著　者

2022年8月

目　录

第1章 绪 论

复杂系统充斥着整个世界，从生态系统到万物互联网，从宏观社交圈到微观基因调控，而图是描述与刻画复杂网络的有效工具。著名物理学家霍金曾经预言“21世纪是复杂网络的时代”，因此，分析与挖掘图数据对理解复杂系统具有极其重要的作用。

本章主要内容如下：第一，阐述图论发展历史，帮助读者理解图论的起源与发展；第二，对图模式挖掘任务与目标进行论述，旨在让读者对图模式形成整体认识；第三，对图模式挖掘中所存在的机遇与挑战进行说明，指出图数据挖掘的关键性难点问题；第四，对本书内容和组织结构进行介绍，包括本书内容、主题与组织架构，协助读者快速形成对本书的整体认识；第五，为更好地帮助读者理解图数据模式挖掘，简要总结本章知识，推荐一些拓展阅读资料。

1.1 图论发展史

图论作为组合数学的一个分支，最早起源于18世纪欧拉(Eüle)对七桥问题(见图1-1)的研究。欧拉对七桥问题的抽象和论证思想开创了一个崭新的数学分支——图论(Graph Theory)。

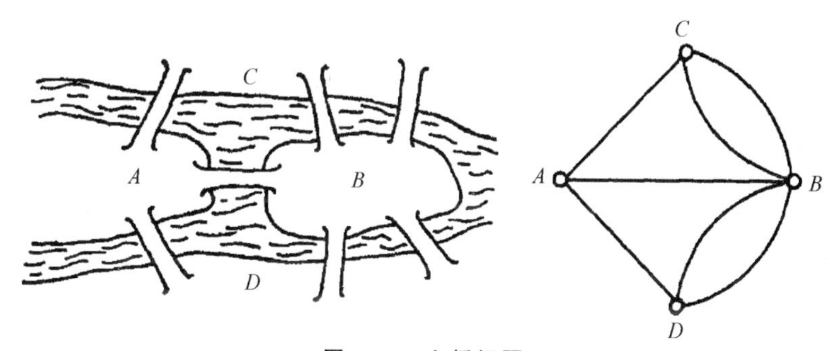

图1-1 七桥问题

20世纪初，在分子化学、原子物理研究的推动下，图论得到了第一次快速发展。从20世纪40年代开始，电子信息技术的迅猛发展促使图论研究进入了发展与突破的快车道。20世纪60年代，匈牙利数学家Erdös与Rényi创建了随机图理论(Random Graph Theory)，该理论被公认为复杂网络理论系统性研究的开始。从数学观点来看，随机图是指随机过程产生的图。随机图理论处于图论和概率论的交叉地带，主要研究随机图的性质。随机性体现在边的分布上：按照一定的概率模型连接节点对。直观上，可将随机网络理解为将一些纽扣散落在地上，并且随机地将两个纽扣之间系上一条线，持续上述过程就生成一个随机网络。

真实网络并非完全随机，因此，随机网络不能有效地刻画真实网络的结构与功能。例如，社交圈中个人只对自己熟悉且与自己有密切关联关系的人进行联系，万维网页面超链接通常指向相同/相似背景的页面。20 世纪末，对网络科学的研究发生了重大转变，其理论研究不再局限于概率论、随机过程等纯数学领域，而是转向研究大规模网络的整体行为与特性。

图论研究新纪元开始的标志是复杂网络的小世界[1]与无标度[2-3]性质的揭示。1998 年，康奈尔大学 Watts 在 *Nature* 发表了题为《网络整体动力学》的论文，首次提出了小世界模型；1999 年，美国西北大学 Barabási 在 *Science* 撰文揭示了随机网络的无标度特性。这些论文阐述了复杂网络整体行为的特性机理。这些研究成果翻开了图论研究的新篇章，并且迅速成为国外研究的热点。

图数据(复杂网络)取得突破性进展的主要原因如下：

(1)描述全面性。传统的特征矩阵数据只能描述单个数据对象的特征，而数据对象之间的关系需要通过进一步分析来获取。自然界和社会中许多复杂系统涉及了多个实体，实体之间存在复杂的交互关系。利用传统的特征矩阵不能有效地描述这些系统，而图数据能够全面、有效地刻画这种复杂交互关系。通过对网络进行进一步分析，可以深度挖掘其中隐含的高阶关系，辅助人们理解与分析背后的复杂系统。

(2)海量图数据。大规模存储设备的出现使得收集海量图数据成为可能，过去 10 年里，大型网络型数据库收集了海量图数据，有力地促进了图论与算法的迅猛发展。与此同时，这也对图数据挖掘提出了严峻的挑战。

(3)理论基础扎实。图论和统计物理方法是网络科学的两大理论支柱，尤其是统计物理方法，包括主方程、福克-普朗克方程、自组织理论等。这些理论与方法为分析图数据提供了有效的理论支撑与技术手段。将物理学方法与理论推广到图数据上是目前国际上主流的研究方式[3]，并且迅速成为研究焦点。2015 年，美国国防部将基于社交网络的人类行为的计算模型研究列入未来重点关注的六大颠覆性基础研究领域之一。

(4)高性能计算。大规模海量图数据挖掘对计算提出了巨大的挑战，高性能计算设备的出现与普及使得深度挖掘与分析大规模图数据成为可能。这进一步促进了图数据挖掘理论与方法的发展，同时也拓展了图数据挖掘的应用面。

1.2 图模式挖掘

图模式挖掘涉及图模式的定义问题和提取问题两大关键技术，其中图模式的定义问题研究如何有效地刻画图模式，而图模式的提取问题聚焦如何设计出高效算法快速、有效地提取所定义的图模式。如图 1-2 所示，典型的图模式挖掘包括图匹配、图聚类、图分类、图表示学习等,本节进行简要介绍。

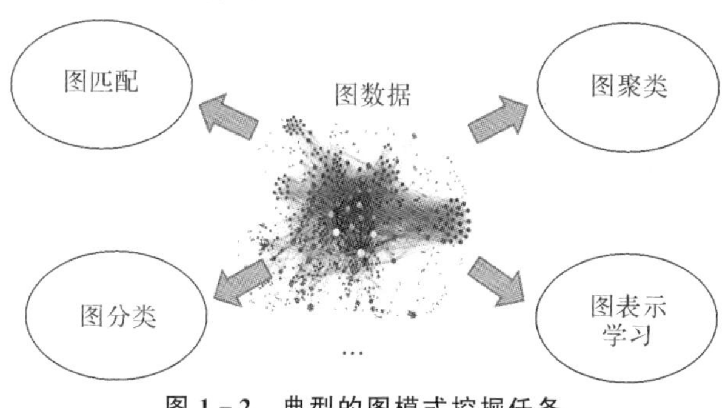

图 1-2 典型的图模式挖掘任务

1.2.1 图匹配问题

给定两个图,图匹配旨在找到图顶点和边之间的最优对应关系,是一个组合优化问题[4],包括精确图匹配和非精确图匹配。精确图匹配有严格的数学描述,典型方法有子图同构、最大公共子图、最小公共子图等。精准匹配通常难以获取最优解,非精确图匹配提出近似解,如编辑距离借鉴字符串的匹配原理[5],通过拓扑编辑操作对结构差异进行建模,典型的编辑操作包括节点插入、节点删除、节点替换、边插入、边删除、边替换等。针对编辑距离,图拓扑编辑操作之间的关系对理解图匹配具有指导意义,利用贝叶斯网络对编辑距离的概率进行估计与分析,预测最佳拓扑编辑操作可显著提高图匹配的准确性[6]。图编辑距离可归约为二项线性规划(Binary Linear Program,BLP),利用经典运筹与优化算法可以进行直接求解[7]。

大多数图匹配优化算法可以分为离散域算法和连续域算法。图匹配按匹配时使用的图结构信息可以分为二阶图匹配和高阶图匹配,按待匹配的图的数目可以分为两图匹配和多图匹配,按目标函数的生成方式、方法可分为非参数化图匹配和基于参数化模型的点集匹配,按目标函数的生成方式可分为人工设定和机器学习方式设定。

1.2.2 图聚类问题

由于网络节点规模大导致挖掘与分析难度大,因此,将大型网络分解成小模块(也称簇),通过分析模块的结构和功能推演网络的整体特性。图聚类旨在识别与提取图中的簇结构,使得隶属于同一模块的节点高度连通,不同模块的节点连通性弱。

图聚类算法涉及两大关键技术:量化模块结构和提取模块结构。在聚类量化函数构建方面,研究人员提出了许多基于网络拓扑指标的方法。最常见的方法包括最优划分准则、最小割集准则(MinCut)[8]、规范割集准则(NCut)[9]。基于图割指标是谱聚类算法的前提,与图谱理论基础有紧密联系。这类方法的缺陷在于只考虑模块之间的关联关系,忽略了模块内部结构的连通性。为了解决这一难题,Newman 等[10]通过对照观察网络与度序列保持随机网络之间的差异性提出了著名的模块度概念,其物理学假设是随机网络中不存在模块结构。

基于所提出的这些指标,许多图聚类算法已经被提出。这些算法的主要区别在于如何优化所选择的策略来提取高度连通的子图。格文-纽曼(Girvan - Newman,GN)算法[10]通过层次聚类来获取模块结构,而派系过滤(Clique Percolation Method,CPM)算法[11]利用全连通子图渗透的方式来挖掘模块。这类方法的缺陷在于只能挖掘出小规模模块结构。为了充分利用网络中信息传播的方式,近邻传播(Affinity Propagation,AP)算法通过模拟图中的双向信息传递来达到划分数据集的目的[12-13]。关于图聚类的文献已经有很多,读者可以参考相关文献[14]。

1.2.3 图分类问题

图分类的目标是学习图和对应类别标签的映射关系,并预测未知图的类别标签。图分类是一个重要的数据挖掘任务,可以应用在很多领域,如化学信息学中,通过对分子图进行分类来判断化合物分子的诱变性、毒性、抗癌活性以及治疗能力[15]。图分类包含节点分类与整图分类,前者聚焦图中节点标签的识别,后者对整图进行标签预测。通常来说,图分类流程为特征提取→分类器构建→图分类(见图 1 - 3),其中特征提取获取训练/测试数据特征,利用训练数据构建分类器,最终实现图分类。

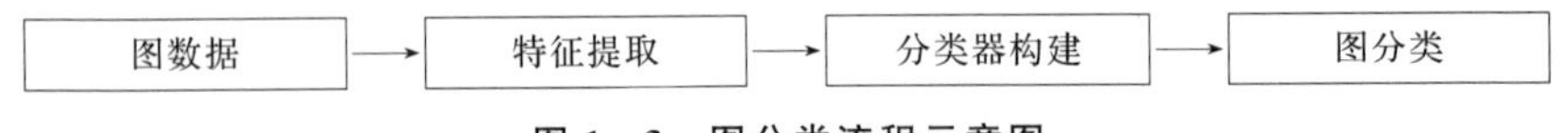

图 1 - 3　图分类流程示意图

通常来说,整图分类相对于节点分类而言难度更大,最典型与直观的方式是利用图之间的相似度来进行分类,典型方法包括图核方法和图匹配方法。具体而言,图核方法[16]主要通过图核的定义来计算图的相似度,将图分解为某种子结构,并在此基础上,通过对比不同图上的子结构来计算图的相似度进而进行图分类。基于图匹配策略的图分类方法综合考虑跨图因素来计算图之间的相似度进而对图分类。

这些方法的优点在于可操作性强、可解释性强。但是其也存在许多缺点,例如,图核方法不够灵活,且通常计算代价较大,图特征提取过程和分类是独立进行的,因此,无法针对具体任务进行优化。深度学习提供了一种新思维方式,随着深度学习在图像、文本等领域的成功应用,研究人员开始关注用深度学习建模图数据。基于深度学习的图数据建模方法也逐渐被应用于图分类问题[17]。图神经网络方法主要包括卷积算子和池化算子两个重要部分。卷积算子利用结构和节点特征信息对图的特征进行提取,池化算子对特征进行汇总,从而获取图节点的表示,辅助下游分析。

1.2.4 图表示学习问题

如图 1 - 3 所示,图节点特征提取是下游分析的基础,图表示学习的目的是对网络节点进行降维,表示成低维空间的连续向量形式,同时保留网络的基本信息,包括结构信息和属性信息。低维的向量表示在计算映射函数、距离度量和对嵌入向量的操作时,避免了较高的复杂性,可以解决网络分析中的许多组合迭代问题,同时有利于减少网络的噪声和冗余信息。这使得图表示学习可以有效地学习大规模复杂网络的节点表示,并且很好地支持后续的图形分析任务[18]。

最早的图表示学习方法可以追溯到矩阵分解法。其将网络相关矩阵分解成低秩矩阵,从而实现低维表示,但是这类方法忽略了局部拓扑特征。为了解决该问题,局部线性嵌入[19](Locally Linear Embedding)通过保持网络节点的局部拓扑关系,学习图的低维特征表示,已证明通过对拉普拉斯矩阵的特征向量计算可进行局部保距。通过在网络上的截断式随机游走可获得由节点上下文组成的一段连续的节点序列进而获取节点的低维表示。借助于自然语言处理的 skip-gram 模型[20],DeepWalk 算法[21]通过计算节点序列中节点共同出现的概率来学习网络表示。随后,Node2vec 算法[22]改进了 DeepWalk 算法,使用参数控制随机游走的广度和宽度,可以更加灵活地捕捉节点的上下文信息。

随着深度学习的发展,深度神经网络被用于网络的图形任务学习上。结构化深度网络嵌入(Structural Deep Network Embedding,SDNE)算法[23]提出了一种半监督的深层图表示模型,可以保留网络的一阶邻近性和二阶邻近性。一阶邻近性可以捕获网络的局部结构,二阶邻近性可以捕获网络的全局结构。通过在深度模型对一阶邻近和二阶邻近的深度优化,以学习高度非线性的网络表示。DNGR(Deep Neural Network for Learning Graph Representations)算法[24]利用深度神经网络将随机游走和深度自编码器结合起来学习节点表示。图卷积神经网络用卷积层实现对节点的特征提取,是一种有效的半监督图表示学习框架。GAE(Graph Auto-Encoders)[25]构建了图自编码器框架,通过最小化重构图和原始图的交叉熵损失来优化嵌入表示。

1.3 图模式应用

图数据挖掘应用已经遍及各个方面,包括社交网络、生物网络、网络安全等,本节对其进行简要介绍。

1.3.1 社交网络分析

社会个体之间的关系通常抽象成社交网络,对其进行有效分析可挖掘出社会结构、个人地位与角色等模式。在社交网络实际应用过程中,对于不同应用场景,图数据挖掘技术表现出不同应用模式,包括中心地位分析、群聚检测、角色分析、网络建模、信息传播、网络分类、异常检测和病毒式营销等。

通过对社交网络拓扑结构进行聚类分析获取个体社团结构,进一步利用节点排序方法对重要个体进行识别,从而准确地挖掘出个体的影响力与控制范围[26-27]。通过对社交网络特定类型子图计数可有效地识别特定结构的群体,从而进行信息推理与结果预测[28-29]。

1.3.2 生物网络挖掘

生物信息学作为一门依托生命科学和计算机科学而产生的交叉学科,在人工智能的推动下逐渐成为热门学科,且作为 21 世纪自然科学研究的核心领域而处于前沿发展地位。分子生物学的迅猛发展，产生了诸如蛋白质相互作用网络、基因调控网络、代谢路径等生物网络数据[30]。

生物网络数据的日益增长对解释复杂疾病与生物机理提供了巨大的机遇，利用图数据挖掘技术识别与提取关键的图模式，辅助生物医学人员进行下一步研究已经成为主流。例如，研究人员通过对比疾病关联的基因分子网络中的频繁子图，挖掘出一些艾滋病病毒活性的化学结构，这为艾滋病的诊断与治疗提供了新的思路[31]。通过挖掘化合物分子网络，可发现化合物分子结构的异常活性，为生物制药研究提供了支撑[32]。利用深度学习方法挖掘单细胞相似性网络，可以有效识别出致癌细胞亚群，为疾病的早期诊断提供线索[33]。

1.3.3 网络安全应用

随着因特网的普及与应用，计算机网络系统时刻都面临着各种计算机网络攻击行为的威胁，并且安全漏洞数量也逐年上升，用自动化流程来评估这些主机上的漏洞风险就显得越来越重要[34]。

网络攻击本质上可以看成是网络属性之间的映射关系，因此，网络攻击图本质上体现了网络属性和攻击动作之间的依赖关系。网络攻击图的相关研究工作中，研究人员提出了多种多样的网络攻击图的表示方法。例如，通过综合考虑诸如主机漏洞、访问权限、网络连接关系等安全因素，利用图数据挖掘算法可识别出黑客的攻击路径，从而进一步推理网络攻击模式。

通过模拟因特网的抗干扰性，研究人员提出了拓扑脆弱性分析(Topological Vulnerability Analysis，TVA)。与传统的状态变迁分析方法不同，TVA 中攻击图节点用于表示原子攻击，有向边用于表示原子攻击之间的因果关联。我们能通过分析网络拓扑结构，以及防火墙过滤规则得到网络中任意两台主机的连接关系，并判断任意一台主机能否对不同网段的另一台主机发起攻击[35]。

1.3.4 机遇与挑战

随着图数据研究的深入，图数据挖掘的研究取得了很大的进展。目前，围绕图聚类、图分类等的挖掘算法已经日渐成熟。图搜索、图数据库、图建模、化学图数据以及图在生物信息学上的应用将是未来的研究热点。如何将图数据挖掘应用在复杂网络的分析上也是今后的研究方向。同时，图数据挖掘又面临着许多挑战。

1. 大规模网络挖掘

图数据挖掘技术目前只能应用于规模较小的图数据，对高度可扩展的大图的研究仍有很大的挑战。因此，需要研究基于磁盘的图挖掘算法或基于一些并行处理模型的图挖掘算法。

2. 时间序列与数据流图数据挖掘

随着社交网络的发展，大量数据具有突发性，用户之间的关系以图结构的形式在不同时间节点出现,数据不再存储在磁盘中,而是以数据流结构的形式存在。如何对大规模的图数据流挖掘是未来非常具有挑战性的课题。

3. 不确定图数据的挖掘

在图数据挖掘过程中,有些图数据的关系存在不确定性,如何挖掘这些不确定图数据间的潜在关系和信息是图数据挖掘的一个难点和挑战。目前已有很多针对不确定数据挖掘的理论研究,可将这些理论研究应用在图数据挖掘上。

4. 多图和异构图的挖掘

图挖掘目前的研究只是局限于单个图对象,如何对多个图同时进行挖掘将是未来的研究热点,如多图之间的查询,以及具有多个图结构的单个图的挖掘。同时,具有不同顶点和边结构的异构图的数据的挖掘也是很大的挑战。

1.4 内容与结构

本书共10章,内容结构如图1-4所示。为了更好地适应不同背景和阅读目的的读者,本书由4部分组成。第1部分包括第1、2章,介绍图论基础知识;第2部分包括第3～5章,涉及图模式的理论与模型;第3部分包括第6～8章,涵盖图模式挖掘算法;第4部分包括第9、10章,介绍图模式在癌症基因网络中的应用研究。

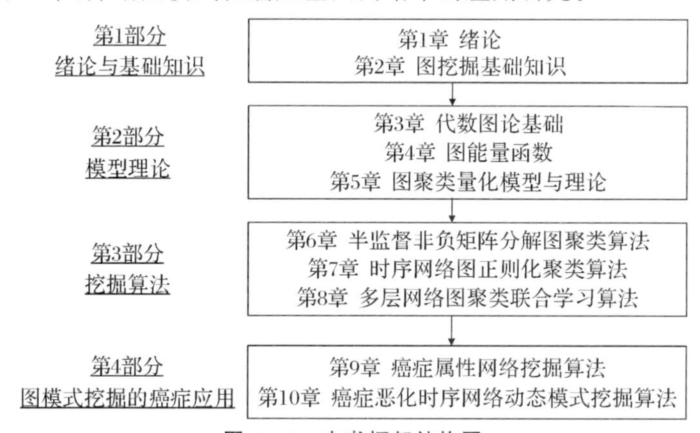

图1-4 本书框架结构图

接下来,简要阐述书中每一篇的内容:

第1部分是绪论与基础知识,为读者提供图论入门知识。这部分主要介绍图的表示、基本性质、图数据类型、典型的图模式、图挖掘的机遇与挑战等内容,旨在使读者对图数据挖掘形成整体认识。

第2部分是模型理论,聚焦图模式的理论知识与模型。第3章聚焦图理论基本知识;第4章研究图关联矩阵的能量函数与拓扑结构的关联关系;第5章针对图聚类中社团结构量化进行研究,提出泛化模块度指标,通过理论证明该指标可以有效解决分辨极限问题,最后证明泛化模块度指标与经典算法在目标函数上的等价性。

第3部分是挖掘算法,聚焦不同图模式挖掘的算法设计与分析。第6章针对图拓扑结构信息不完备的问题，提出基于非负矩阵分解的图聚类算法；第 7 章针对时序网络动态聚类难的问题，提出基于正则化的演化非负矩阵分解算法；第 8 章针对多层网络聚类刻画与挖掘难的问题，提出基于图嵌入的联合矩阵分解算法。

第 4 部分是图模式挖掘的癌证应用，聚焦癌症基因组学中应用问题进行研究。第 9 章针对癌症基因多组学数据融合难的问题，提出癌症属性图的聚类算法；第 10 章针对癌症恶化时序图模式刻画难的问题，提出公共聚类算法。

本书的 4 部分既相互关联，也相互独立，读者可以根据自己的偏好和需求进行选择性阅读。拓展阅读材料可以辅助读者更加全面和深入地理解图模式挖掘模型、算法与应用。

1.5 小　结

本章作为本书的第一章，简要介绍了图论的发展史，对典型的图模式挖掘任务进行了简述。同时，为了加深读者对图数据挖掘的理解，简单介绍了一些典型的应用场景。读者不妨思考一下，在自己的生活、工作、学习环境中是否遇到过一些系统或问题，这些系统或问题与图模型、图模式及其应用具有密切关联。

首先，本章对图模式模型、算法与应用中存在的机遇与挑战进行了分析，旨在让读者对图数据挖掘中存在的问题有一个初步认识。其次，本章对本书内容与章节安排进行了阐述，希望读者能对本书内容有一个整体理解，从而选择性阅读相关内容。最后，本章进行了简单总结，并为读者推荐一些拓展阅读材料。

1.6 拓展阅读

图数据挖掘是机器学习和数据挖掘领域一个热门的研究课题，引起了国内外许多学者的关注。关于图数据挖掘的成果也层出不穷。读者可以访问相关专家的主页并阅读其著作与论文，以此来获取最新的科研动向与进展，代表性专家有韩家炜、Jian Pei、Mohammed J. Zaki、周志华、Christian Borgelt 等。

现在也有许多数据挖掘软件系统，典型代表是怀卡托智能分析环境（Waikato Environment for Knowledge Analysis，WEKA），同时 WEKA 也是新西兰的一种鸟名，而 WEKA 的主要开发者来自新西兰。WEKA 作为一个公开的数据挖掘工作平台，集合了大量能承担数据挖掘任务的机器学习算法，包括对数据进行预处理、分类、回归、聚类、关联规则以及在新的交互式界面上的可视化。可以参考 WEKA 的接口文档，在WEKA中集成自己的算法。

第2章　图挖掘基础知识

本章先阐述图论的基本概念，帮助读者理解图的表示方式和一些基本的性质，为后续图数据挖掘算法介绍奠定基础；然后对图数据进行简单分类，让读者对典型的图数据有一个整体认识；接着形式化描述三类代表性的图模式，旨在让读者对图模式形成整体认识；最后为了更好地帮助读者理解图模式挖掘，简要总结本章知识，并推荐一些拓展阅读资料。

2.1　图论基本概念

图(Graph)描述了实体之间的两两关系，是社会科学、语言学、化学、逻辑学和物理学等领域中真实数据的基本表示方法。在社会科学中，图被广泛地用于表示个体之间的关系。在化学中，化合物被表示为以原子为节点、以化学键为边的图。在语言学中，图被用于分析句子的语法和组成结构。具体来说，语法分析树(Parsing Trees)是用上下文无关的语法来表示句子语法的图结构，抽象意义表示则将句子的含义编码为有根图网。

2.1.1　图表示

本节介绍图的定义，并聚焦于简单无权图(即图的边不带权重)，在后文中将介绍更多的复杂图。

定义2-1(图,Graph)　图可以被表示为$G=\{V,E\}$，其中$V=\{v_1,\cdots,v_n\}$是大小为$n=|V|$的节点集合，$E=\{(v_i,v_j)\,|\,v_i,v_j\in V\}$是大小为$m$的边集合。

节点是图的重要实体。比如，社交图中的节点是用户，化合物图中的节点是原子。图G的大小被定义为图的节点数量，即$|V|$。边集合E描述了节点的连接关系。如果一条边连接两个节点v_i和v_j，那么这条边也可以被表示为(v_i,v_j)。在有向图中，边从起点v_i指向终点v_j，相反，在无向图中，一条边中的两个节点没有顺序之分，即$(v_i,v_j)=(v_j,v_i)$。节点v_i与v_j相邻，当且仅当它们之间存在一条边时，也认为该边和节点相关联(Incident)。例如，用户之间的朋友关系就可以视为社交图中节点之间的边，化学键可以视为化合物图中的边(忽略不同类型的化学键，将所有化学键都视为同一种边)。

注：在没有特殊说明的情况，本章只讨论无向图，其原因在于在多数情况下忽略边的方向可以降低计算的复杂性，而且具有更好的理论支持。

图描述与刻画节点对之间的关联性，因此，这些关系可以用矩阵的方式一一表示出来，也称为邻接矩阵。

定义 2-2（邻接矩阵，Adjacency Matrix） 给定一个图 $G=\{V,E\}$，对应的邻接矩阵可以表示为 $\mathbf{A}\in\{0,1\}^{n\times n}$。邻接矩阵 $\mathbf{A}$ 的第 i 行第 j 列的元素 a_{ij} 表示节点 v_i 和 v_j 的连接关系。具体来说，如果 v_i 和 v_j 相邻，那么 $a_{ij}=1$，否则为 0。对无向图而言，邻接矩阵 $\mathbf{A}$ 是对称矩阵。

【例 2.1】 图 2-1 展示了一个有 5 个节点和 6 条边的图。在这个图里，节点集合表示为 $V=\{v_1,v_2,v_3,v_4,v_5\}$，边集合表示为 $E=\{e_1=(v_1,v_2),e_2=(v_2,v_3),e_3=(v_3,v_5),e_4=(v_1,v_4),e_5=(v_4,v_5),e_6=(v_1,v_5)\}$，那么它的邻接矩阵如图 2-1 所示。

$$\mathbf{A}=\begin{bmatrix}0&1&0&1&1\\1&0&1&0&0\\0&1&0&0&1\\1&0&0&0&1\\1&0&1&1&0\end{bmatrix}$$

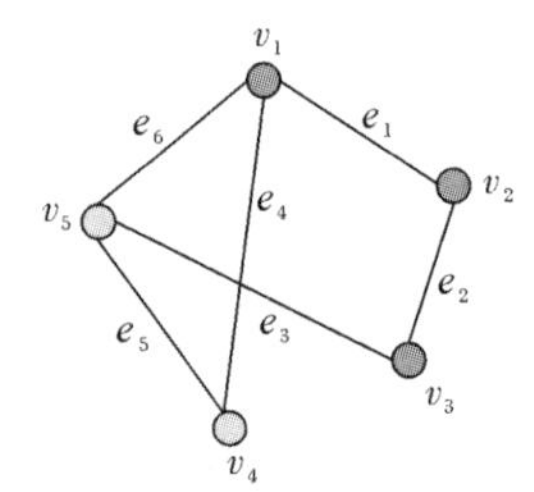

图 2-1 图与邻接矩阵示意图

2.1.2 图的基本性质

图的结构和性质有很多。本节讨论图的一些重要性质，以供后续所用。

1. 度（Degree）

图 G 中节点 v 的度表示这个节点和其他节点相邻的次数，因此度被定义如下：

定义 2-3（度，Degree） 在图 $G=\{V,E\}$ 中，节点 $v_i\in V$ 的度定义为图 G 中与节点 v_i 相关联的边的数目。

$$d(v_i)=\sum_{v_j}\in\mathbb{1}_E(\{v_i,v_j\}) \tag{2-1}$$

$\mathbb{1}_E$ 是指示函数，即

$$\mathbb{1}_E(\{v_i,v_j\})=\begin{cases}1, & (v_i,v_j)\in E\\0, & (v_i,v_j)\notin E\end{cases} \tag{2-2}$$

节点 v_i 的度也可以利用图 G 的邻接矩阵来计算，即

$$d(v_i)=\sum_{j=1}^{n}a_{ij} \tag{2-3}$$

【例 2.2】 如图 2－1 所示，与节点 v_5 相邻的节点有 3 个（v_1、v_3 和 v_4），所以它的度为 3。此外，该图的邻接矩阵的第 5 行有 3 个非零元素，这同样意味着 v_5 的度为 3。

定义 2－4（邻域，Neighborhood） 在图 $G=\{V,E\}$ 中，节点 v_i 的邻域 $N(v_i)$ 是所有与它相邻的节点的集合。

注：对于节点 v_i，邻域 $N(v_i)$ 中的元素的个数等于 v_i 的度，即 $d(v_i)=|N(v_i)|$。

定理 2.1 一个图 $G=\{V,E\}$ 中所有节点的度之和是图中边的数量的 2 倍，即

$$\sum_{v_i\in V} d(v_i)=2|E| \tag{2-4}$$

【例 2.3】 如图 2－1 所示，该图一共有 6 条边，因此，所有节点的度之和为 12，并且邻接矩阵的非零元素的个数也是 12。

2. 连通度（Connectivity）

连通度是图的重要性质之一。在讨论图的连通度之前，先介绍一些基础概念。

定义 2－5（途径，Walk） 图的途径是节点和边的交替序列，从一个节点开始，以一个节点结束，其中每条边与紧邻的节点相关联。

从节点 u 开始到节点 v 结束的途径称为 $u-v$ 途径。途径的长度就是途径中包含的边的数量。

注：因为存在不同长度的 $u-v$ 途径，所以 $u-v$ 途径并不是唯一的。

定义 2－6（迹，Trail） 迹是边各不相同的途径。

定义 2－7（路，Path） 路是节点各不相同的途径，也称路径。

【例 2.4】 如图 2－1 所示，$(v_1,e_4,v_4,e_5,v_5,e_6,v_1,e_1,v_2)$ 是一条长度为 4 的 v_1-v_2 途径。它是一条迹而不是路，因为这条途径中节点 v_1 出现了 2 次。(v_1,e_1,v_2,e_2,v_3) 是 v_1-v_3 途径，它既是迹也是路。

定理 2.2 对于图 $G=\{V,E\}$ 及其邻接矩阵 $\mathbf{A}$，如果用 $\mathbf{A}^n$ 表示该邻接矩阵的 n 次幂，那么 $\mathbf{A}^n$ 的第 i 行第 j 列的元素等于长度为 n 的 v_i-v_j 途径的个数。

读者可以用数学归纳法证明该定理。

定义 2－8（子图，Subgraph） 图 $G=\{V,E\}$ 的子图 $G'=\{V',E'\}$ 由节点集的子集 $V'\subseteq V$ 和边集的子集 $E'\subseteq E$ 组成。此外，集合 V' 必须包含集合 E' 涉及的所有节点。

【例 2.5】 如图 2－1 所示，节点子集 $V'=\{v_1,v_2,v_3,v_5\}$ 和边子集 $E'=\{e_1,e_2,e_3,e_6\}$ 构成原图 G 的一个子图。

定义 2－9（连通分量，Connected Component） 给定一个图 $G=\{V,E\}$，如果一个子图 $G'=\{V',E'\}$ 中任意一对节点之间都至少存在一条路，且 V' 中的节点不与任何 $V\backslash V'$ 中的节点相连，那么 G' 就是一个连通分量。

【例 2.6】 图 2－2 展示了一个含有两个连通分量的图，其中左边与右边的连通分量没有连接。

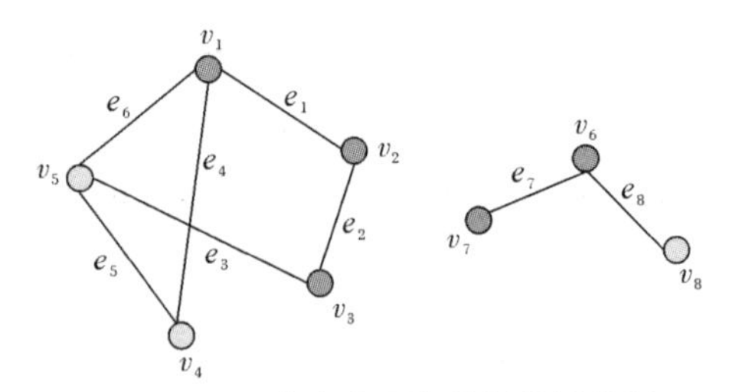

图 2-2 一个含有两个连通分量的图

定义 2-10 (连通图,Connected Graph) 如果一个图 $G=\{V,E\}$ 只有一个连通分量,那么 G 是连通图。

【例 2.7】 图 2-1 是连通图,而图 2-2 不是连通图。

给定图中的一对节点,它们之间可能存在多条不同长度的路。例如,图 2-1 中有 3 条从节点 v_5 到节点 v_2 的路:$(v_5,e_6,v_1,e_1,v_2)$$(v_5,e_5,v_4,e_4,v_1,e_1,v_2)$和$(v_5,e_3,v_3,e_2,v_2)$。

其中,(v_5,e_6,v_1,e_1,v_2)和(v_5,e_3,v_3,e_2,v_2)是两条长度为 2 的路,是 v_5 到 v_2 的最短路。

定义 2-11 (最短路,Shortest Path) 给定图 G 中的一对节点 $v_s, v_t \in V$,且 P_{st} 表示节点 v_s 到节点 v_t 的路的集合,则节点 v_s 与节点 v_t 间的最短路定义如下:

$$p_{st}^{sp}=\arg\min_{p\in P_{st}}|p| \tag{2-5}$$

式中:p 表示 P_{st} 中一条长度为 $|p|$ 的路;p_{st}^{sp} 表示最短路。

注:任意给定的节点对之间可能有多条最短路。

因为一对节点之间的最短路描述了它们之间的重要信息,所以图中任意节点对的最短路的集合可以描述图的重要性质。具体来说,图的直径定义为图中最长的最短路的长度。

定义 2-12 (直径,Diameter) 给定一个连通图 $G=\{V,E\}$,它的直径定义如下:

$$\text{diameter}(G)=\max_{v_s,v_t\in V}\min_{p\in P_{st}}|p| \tag{2-6}$$

【例 2.8】 如图 2-1 所示的连通图的直径是 2。具体而言,该图中的一条最长的最短路是从节点 v_2 到节点 v_4 的最短路(v_2,e_1,v_1,e_4,v_4)。

3. 中心性(Centrality)

在图中,节点的中心性用于衡量节点在图中的重要性。本节介绍多种中心性的定义。

(1)度中心性。如果有许多其他节点连接到某个节点,那么后者可以被认为是重要的。因此,可以基于一个节点的度测量它的中心性。更具体地说,对于节点 v_i,其度中心性可以定义如下:

$$c_d(v_i)=d(v_i)=\sum_{j=1}^{n}a_{ij} \tag{2-7}$$

【例 2.9】 如图 2-1 所示,节点 v_1 和 v_5 的度中心性都是 3,而节点 v_2、v_3 和 v_4 的度中心性都是 2。

(2) 特征向量中心性(Eigenvector Centrality)。度中心性认为与多个节点相邻的节点是重要的,且认为所有邻居节点的贡献度是一样的。然而,这些相邻节点本身的重要性是不同的,因此,它们对中心节点的影响不同。给定一个节点 v_i,特征向量中心性[36-37]用它的相邻节点的中心性来定义 v_i 的中心性:

$$c_e(v_i)=\frac{1}{\lambda}\sum_{j=1}^{n}a_{ij}c_e(v_j) \tag{2-8}$$

也可以表达为矩阵的形式:

$$\boldsymbol{c}_e=\frac{1}{\lambda}\boldsymbol{A}\boldsymbol{c}_e \tag{2-9}$$

式中:$\boldsymbol{c}_e\in\mathbf{R}^n$ 是一个包含所有节点的特征向量中心性的向量。式(2-9)也可以表示如下:

$$\boldsymbol{c}_e=\frac{1}{\lambda}\boldsymbol{A}\boldsymbol{c}_e \tag{2-10}$$

式中:$\boldsymbol{c}_e$ 是矩阵的特征向量,λ 是其对应的特征值。一个邻接矩阵 $\boldsymbol{A}$ 存在多对特征向量和特征值。中心性的值通常为正数,因此,选择中心性需要考虑所有元素均为正数的特征向量。根据 Perron-Frobenius 定理[38-39],一个元素全为正的实方阵具有唯一的最大特征值,其对应的特征向量的元素全为正。因此,可以选择最大的特征值 λ,将它的相应的特征向量作为中心性向量。

【例 2.10】 对于图 2-1 所示的例子,它最大的特征值是 2.481,对应的特征向量是[1,0.675,0.675,0.806,1]。因此,v_1,v_2,v_3,v_4,v_5 的特征向量中心性分别是 1,0.675,0.675,0.806,1。注意,v_2、v_3 和 v_4 的度都是 2,但是 v_4 的特征向量中心性比另外两个节点的都要高,因为它和 v_1、v_5 两个高特征向量中心性的节点直接相连。

(3)Katz 中心性(Katz Centrality)。Katz 中心性是特征向量中心性的一个变体,不仅考虑了邻居节点的中心性,而且包含了一个常数来考虑中心节点本身。具体来说,节点 v_i 的 Katz 中心性可以定义如下:

$$c_k(v_i)=\alpha\sum_{j=1}^{n}a_{ij}c_k(v_j)+\beta \tag{2-11}$$

式中:β 是一个常数。一个图中的所有节点的 Katz 中心性可以用矩阵形式表示如下:

$$\boldsymbol{c}_k=\alpha\boldsymbol{A}\boldsymbol{c}_k+\boldsymbol{\beta} \tag{2-12}$$

$$(\boldsymbol{I}-\alpha\boldsymbol{A})\boldsymbol{c}_k=\boldsymbol{\beta} \tag{2-13}$$

式中:$\boldsymbol{c}_k\in\mathbf{R}^n$ 表示所有节点的 Katz 中心性的向量;$\boldsymbol{\beta}$ 表示一个包含所有节点的常数项 β 的向量;$\boldsymbol{I}$ 表示单位矩阵。值得注意的是,如果令 $\alpha=\frac{1}{\lambda_{max}}$ 和 $\beta=0$,那么 Katz 中心性等价于特征向量中心性,其中λ_{max}是邻接矩阵 $\boldsymbol{A}$ 的最大特征值。α 的选择对 Katz 中心性非常关键:大的 α 值可能使矩阵 $\boldsymbol{I}-\alpha\boldsymbol{A}$ 变成病态矩阵(Ill-conditioned Matrix),而小的 α 值可能使中心性变得没有意义,因为它总是给所有节点分配非常相似的分数。在实践中,经常令 $\alpha<\frac{1}{\lambda_{max}}$,这就保证了矩阵 $\boldsymbol{I}-\alpha\boldsymbol{A}$ 的可逆性,那么 $\boldsymbol{c}_k$ 可按如下方式计算:

$$\boldsymbol{c}_{\mathrm{k}}=(\boldsymbol{I}-\alpha\boldsymbol{A})^{-1}\boldsymbol{\beta} \tag{2-14}$$

【例 2.11】 如图 2－1 所示，令 $\beta=1,\alpha=\frac{1}{5}$，经计算可得节点 v_1 和 v_5 的 Katz 中心性都是 2.16，v_2 和 v_3 的 Katz 中心性都是 1.79，v_4 的 Katz 中心性是 1.87。

(4)介数中心性(Betweenness Centrality)。前面提到的几种中心性都基于和相邻节点的连接。另一种度量节点重要性的方法是检查它是否在图中处于重要位置。具体来说，如果有许多路通过同一个节点，那么该节点处于图中的一个重要位置。节点 v_i 的介数中心性的定义如下：

$$c_{\mathrm{b}}(v_i)=\sum_{v_s\neq v_i\neq v_t}\frac{\sigma_{\mathrm{st}}(v_i)}{\sigma_{\mathrm{st}}} \tag{2-15}$$

式中：σ_{st}表示所有从节点 v_s 到节点 v_t 的最短路的数目(注意此处注明不区分 v_s 和 v_t)；$\sigma_{\mathrm{st}}(v_i)$表示这些路中经过节点 v_i 的路的数目。由式(2－15)可知，为了计算介数中心性，需要对所有可能的节点对求和。因此，介数中心性的值会随着图的增大而增大。为了使介数中心性在不同的图中具有可比性，需要对它进行归一化(Normalization)。一种有效的方法是将所有节点的中心性除以其中的最大值。由式(2－15)可知，当任意一对节点之间的最短路都通过节点 v_i 时，介数中心性达到最大值，即$\frac{\sigma_{\mathrm{st}}(v_i)}{\sigma_{\mathrm{st}}}=1,\forall v_s\neq v_i\neq v_t$。在一个无向图中，共有$\frac{(n-1)(n-2)}{2}$个不包含节点 v_i 的节点对，所以介数中心性的最大值是$\frac{(n-1)(n-2)}{2}$。因此 v_i 归一化后的介数中心性 $c_{\mathrm{nb}}(v_i)$可以定义如下：

$$c_{\mathrm{nb}}(v_i)=\frac{2\sum\limits_{v_s\neq v_i\neq v_t}\frac{\sigma_{\mathrm{st}}(v_i)}{\sigma_{\mathrm{st}}}}{(n-1)(n-2)} \tag{2-16}$$

【例 2.12】 如图 2－1 所示，节点 v_1 和 v_5 的介数中心性是$\frac{3}{2}$，而它们归一化后的介数中心性是$\frac{1}{4}$。节点 v_2 和 v_3 的介数中心性是$\frac{1}{2}$，而它们归一化后的介数中心性是$\frac{1}{12}$。节点 v_4 的介数中心性和归一化的介数中心性均为 0。

4. 拉普拉斯矩阵(**Laplacian Matrix**)

本节介绍图的拉普拉斯矩阵，除邻接矩阵之外，这是图的另一种重要的矩阵表示形式。

定义 2－13 (拉普拉斯矩阵) 对于给定的图 $G=\{V,E\}$及其邻接矩阵 $\boldsymbol{A}$，它的拉普拉斯矩阵定义如下：

$$\boldsymbol{L}=\boldsymbol{D}-\boldsymbol{A} \tag{2-17}$$

式中：$\boldsymbol{D}$ 是对角度矩阵，$\boldsymbol{D}=\mathrm{diag}\,[d(v_1),\cdots,d(v_N)]$。

另外一种常用的拉普拉斯矩阵是式(2－17)的归一化形式。

定义 2－14(归一化拉普拉斯矩阵) 给定图 $G=\{V,E\}$及其邻接矩阵 $\boldsymbol{A}$，该图的归一化拉普拉斯矩阵定义如下：

$$L=D^{-\frac{1}{2}}(D-A)D^{-\frac{1}{2}}=I-D^{-\frac{1}{2}}AD^{-\frac{1}{2}} \tag{2-18}$$

本书主要用到定义 2-13 中的非归一化拉普拉斯矩阵。但在本书后面的一些章节也会用到归一化拉普拉斯矩阵。若未明确指出，本书出现的拉普拉斯矩阵均默认为定义 2-13中的非归一化拉普拉斯矩阵。

2.2 图数据类型

前面介绍了简单图及其重要性质。然而，在实际应用中的图要复杂得多。本节将简要介绍现实世界中的多种复杂图及其定义。

2.2.1 异质图

前面讨论的简单图是同质图，只包含一种类型的节点及一种类型的边。然而，在许多实际应用中，往往需要对多种类型的节点及这些节点之间多种类型的关系进行建模。如图 2-3(a)所示，在描述出版物及其引用关系的学术网络中，有三种类型的节点，包括作者、论文和会议。在该网络中，不同类型的边描述不同类型的节点之间的不同关系。例如，该网络既存在描述论文之间引用关系的边，也存在表示作者与论文之间的关系的边。异质图的正式定义如下：

定义 2-15 (异质图, Heterogeneous Graphs) 一个异质图 G 由一组节点 $V=\{v_1,\cdots,v_n\}$ 和一组边 $E=\{e_1,\cdots,e_m\}$ 构成。其中每个节点和每条边都对应着一种类型。用 T_n 表示节点类型的集合，T_e 表示边类型的集合。一个异质图有两个映射函数，分别是将每个节点映射到对应类型的 $\varphi_n: V\rightarrow T_n$，以及将每条边映射到对应类型的 $\varphi_e: E\rightarrow T_e$。

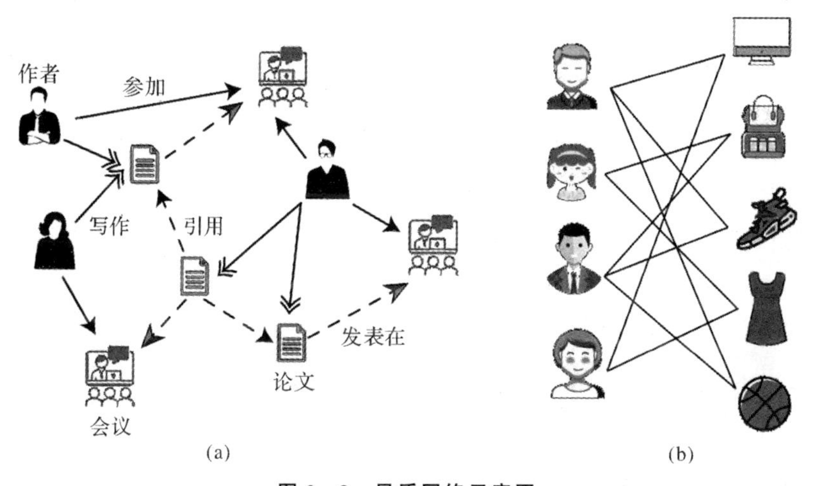

图 2-3 异质网络示意图

(a)异质学术图；(b)电子商务中的二分图

2.2.2 二分图

在二分图(Bipartite Graphs)$G=\{V,E\}$中,它的节点集V可以分为两组不相交的子集V_1和V_2,而E中的每条边都连接着V_1中的一个节点和V_2中的一个节点。二分图被广泛用于捕获不同对象之间的互动。如图2-3(b)所示,在许多电子商务平台中,用户的点击历史可以被建模为一个二分图,其中用户和商品是两个不相交的节点集,而用户的点击行为形成了它们之间的边。接下来,正式定义二分图如下。

定义2-16(二分图,Bipartite Graphs) 给定一个二分图$G=\{V,E\}$,当且仅当$V=V_1\cup V_2$,$V_1\cap V_2=\varnothing$,并且对于所有的边$e=(v_e^1,v_e^2)\in E$时,有$v_e^1\in V_1$和$v_e^2\in V_2$。

2.2.3 多维图

在现实世界的许多图中,多种关系可以同时存在于同一对节点之间。在视频分享网站YouTube上就存在这样的例子。其中,网站用户可以被视为节点,用户可以相互订阅,这可以看作一种关系(边)。用户也可以通过"分享"或"评论"其他用户的视频等关系进行连接。另一个例子来自电子商务网站,如淘宝网,用户可以通过各种不同的行为,如"点击""购买""评论"与物品进行互动。这些具有多重关系的图可以自然地被建模为多维图,其中每种类型的关系都被看作一个维度。

定义2-17(多维图,Multi-dimensional Graphs) 一个多维图由一个节点集$V=\{v_1,\cdots,v_n\}$和d个边集$\{E_1,\cdots,E_d\}$构成。每个边集E_d描述了节点之间的一种关系。这d种关系可以表示为d个邻接矩阵$\mathbf{A}^{(1)},\cdots,\mathbf{A}^{(d)}$。第$d$维对应着邻接矩阵$\mathbf{A}^{(d)}\in\mathbf{R}^{n\times n}$,描述了节点之间的边$E_d$。$\mathbf{A}^{(d)}$的第$i,j$项,即当且仅当$v_i$和$v_j$在第$d$维存在一条边[或者$(v_i,v_j)\in E_d$]时,$a_{i,j}^{(d)}$等于1;否则为0。

2.2.4 符号图

随着在线社交网络的日益流行,包含正边和负边的符号图(Signed Graphs)变得越来越普遍。在社交网络,如Facebook和Twitter中,很多用户之间的关系可以表示为符号图。比如,用户可以关注或屏蔽其他用户,"关注"行为可以看作用户之间的正关系,而"屏蔽"行为可以看作用户之间的负关系。图2-4(a)是一个符号图的示例,其中用户是节点,而屏蔽与关注分别是"负"边和"正"边。符号图的正式定义如下:

定义2-18(符号图,Signed Graphs) 用$G=\{V,E^+,E^-\}$表示一个符号图,其中$V=\{v_1,\cdots,v_n\}$是一个包含n个节点的集合,而$E^+\subseteq V\times V$和$E^-\subseteq V\times V$分别表示正边和负边集合。值得注意的是,符号图中的边要么是正的,要么是负的,即当且仅当v_i和v_j存在一条正边时,$a_{ij}=1$,$a_{ij}=-1$表示v_i和v_j有一条负边;如果没有边,那么$a_{ij}=0$。

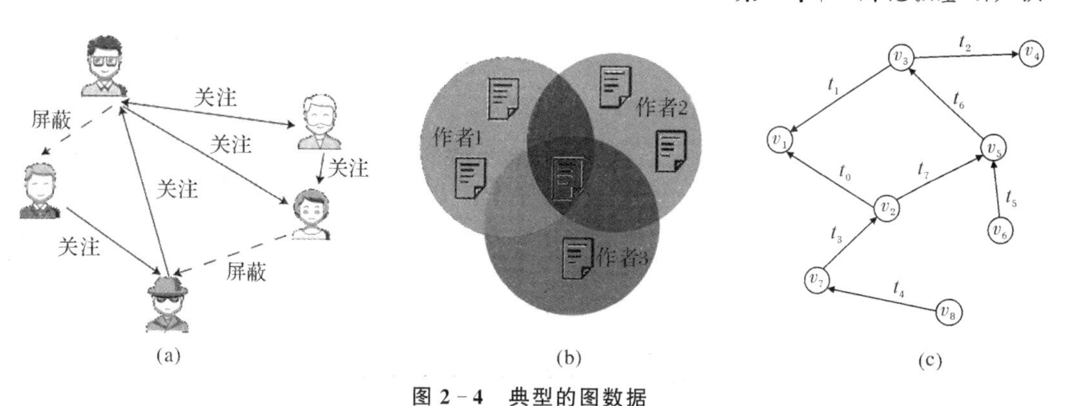

图 2-4 典型的图数据

(a)符号图的示例;(b)超图的示例;(c)动态图的示例

2.2.5 超图

到目前为止,所介绍的图只通过边编码节点的两两关系。然而,在许多实际应用中,节点关系不仅仅只有两两关系。图 2-4(b)显示了描述论文之间关系的超图。一个特定的作者可以发表两篇以上的论文,因此,作者可以被看作连接多篇论文(或节点)的超边。

与简单图中的边相比,超边可以编码高阶关系。具有超边的图称为超图,超图的正式定义如下:

定义 2-19 (超图) 用 $G=\{V,E,\boldsymbol{W}\}$ 表示一个超图,其中 V 是一个包含 N 个节点的集合,E 是一组超边,$\boldsymbol{W}\in\mathbf{R}^{|E|\times|E|}$ 是一个对角矩阵,其中 w_{jj} 表示超边 e_j 的权重。超图 G 可以用一个关联矩阵(Incidence Matrix)$\boldsymbol{H}\in\mathbf{R}^{|V|\times|E|}$ 表示,其中 $h_{ij}=1$ 表示 v_i 和 e_j 相关联。对于节点 v_i,它的度为 $d(v_i)=\sum_{j=1}^{|E|}h_{ij}$,而一条超边的度被定义为 $d(e_j)=\sum_{i=1}^{|V|}h_{ij}$。此外,用 $\boldsymbol{D}_{\mathrm{e}}$ 和 $\boldsymbol{D}_{\mathrm{v}}$ 分别表示边和节点的度矩阵。注意,$\boldsymbol{D}_{\mathrm{e}}$ 和 $\boldsymbol{D}_{\mathrm{v}}$ 都是对角矩阵。

2.2.6 动态图

前面所讲的图都是静态的,因为它们的节点之间的连接是固定的。然而,在许多实际应用中,随着新节点的添加和新边的不断出现,图也在不断演化。例如,在 Facebook 社交网络中,用户可以不断与他人建立朋友关系,新用户也可以随时加入。这种不断变化的图可以被建模为动态图(Dynamic Graphs),图中的每个节点或每条边都与时间戳相关联。如图 2-4(c)所示,其中每条边都与一个时间戳相关联,而节点的时间戳是该节点产生第一条边的时间。动态图的正式定义如下:

定义 2-20 (动态图,Dynamic Graphs) 一个动态图 $G=\{V,E\}$ 包含一组节点 $V=\{v_1,\cdots,v_n\}$ 和一组边 $E=\{e_1,\cdots,e_m\}$,其中每个节点和(或)每条边都与其产生的时间戳相关联。具体来说,两个映射函数 ϕ_{v} 和 ϕ_{e} 分别将节点和边映射到它们产生的时间戳。

在实际情况中,因为无法记录每个节点和(或)每条边的时间戳,所以通常需要不时地观察一个动态图是如何演变的。在观察每个时间戳 t 时,可以将图的快照(Snapshot)记录为 G_t 并作为观察值。这种动态图称为离散动态图,它由多个快照组成。离散动态图的定义如下:

定义 2-21(离散动态图) 一个离散动态图由 T 个快照构成,其中每个快照是在动态图的形成过程中被观察到的。具体来说,T 个快照可以表示为 $\{G_0,\cdots,G_T\}$,其中 G_0 就是在时间点 0 观察到的。

2.3 典型图模式

2.3.1 图数据聚类

所谓物以类聚,人以群分。在现实生活中,同类的东西往往聚在一起。本节所介绍的图聚类(社区检测)是图领域无监督机器学习方法中的一种,将网络中的顶点分配到组(社区或集群)中,使得同一类中顶点连接密集,不同类间社区连接稀疏。有证据表明,社区结构在网络中无处不在,检测复杂网络中的社区有助于洞察网络的潜在特性,并揭示网络中隐藏但富有意义的结构。例如,具有相似行为或背景的个体更有可能形成社区,这将有利于识别社交网络中的潜在合作伙伴。在癌症网络中,社区对应于一组具有相同或相似症状的复杂疾病,其中一种疾病的诊断和治疗过程也可能对同一社区中的其他疾病产生积极的影响。

定义 2-22(节点聚类) 给定一个单层网络 $G=\{V,E\}$,社区 C 对应于图 G 中多个密集连接的子图,记为 $\{C_i\}_{i=1}^{k}$,其中 k 是社区的数量,C_i 指第 i 个社区。其中,社区的划分存在两种模式:①非重叠社区,指图的社区划分之间没有重叠,也称为节点的硬划分。它需要满足两个条件:$V=\bigcup_i C_j$ 和 $C_i \cap C_j=\varnothing$。②非重叠社区,仅仅需要 $V=\bigcup_i C_i$,也称为节点的软划分,其中一些顶点可能隶属于多个社区。本书仅关注节点的硬划分。

定义 2-23(模块度) 社区结构的另一个条件是高连通性,即同一社区内的顶点必须连接良好。社区结构最著名的定量函数是模块度,它被定义如下:

$$Q(\{C_i\}_{i=1}^{k},G)=\sum_{i=1}^{k}\left\{\frac{L(V_c,V_c)}{L(V,V)}-\left[\frac{L(V_c,V)}{L(V,V)}\right]^2\right\}$$

式中:$L(V_1,V_2)=\sum\limits_{i\in V_1,j\in V_2} w_{ij}$,即两个社区边上的权重之和。

上文介绍了现实世界中的多种复杂图及其数据类型,针对不同类型的复杂图,可以将复杂网络中的聚类分为三个领域:时序网络图聚类、多层网络图聚类、属性网络图聚类。

定义 2-24(时序网络图聚类) 时序网络 G 定义为一系列网络 $G=\{G_1,G_2,\cdots,G_T\}$,其中 G_t 是时间 t 的网络。给定 t 时刻网络 $G_t=(V,E_t)$,社区结构对应于硬划分 $\{C_{1t},C_{2t},\cdots,C_{kt}\}$(用 $\{C_{it}\}_{i=1}^{k}$ 表示),C_{it} 表示 t 时刻下的第 i 个社区。时序网络

上的图聚类要求为网络中每个时间步都生成动态社区。

定义 2-25(多层网络图聚类) 给定一个多层网络 $G=\{G_1,\cdots,G_\tau\}$,一组顶点 $C\subseteq V$ 是一个多层社区当且仅当 C 是所有层 $G_l(1\leqslant l\leqslant\tau)$ 中的一个社区,相比于时序网络的图聚类仅仅要求社区在所在时间步具备高连通性,多层网络中的图聚类要求社区在所有层中都连接良好。

定义 2-26(属性网络图聚类) 给定 $G=\{V,E,\mathbf{S}\}$ 是一个属性网络,其中 $\mathbf{S}\in\mathbf{R}^{n\times m}$ 是属性矩阵,其元素 s_{ij} 是第 i 个节点的第 j 个属性。与非属性网络相比,属性网络的社区检测要求同时考虑拓扑结构的连通性和属性特征的一致性。

(1)连通性:节点在同一个社区中连接良好,并且在各个社区之间相关稀疏连接。

(2)一致性:一个社区内的节点具有相似的特征,而不同社区的节点在特征上差异很大。

【例 2.15】(预测 Amazon 网络中具有相同购买行为的群体) Amzaon 网络是通过爬取亚马逊网站上一段时间内的集体购买历史收集的。其中网购的产品代表节点,如果产品 i 经常与产品 j 被共同购买,那么 i 与 j 之间将会构建一条连边。用户的行为用边集来模拟,我们可以通过对用户行为建模来分析用户的形象特征。在本例中,同一类代表具有相同或者类似购买行为的用户群体,通过对这些用户群体聚类将会对下游的产品推荐产生积极的影响。这种类型的数据集可以在文献[40]中找到。

【例 2.16】(预测 DBLP 中可能存在的合作关系) DBLP 是一个在线计算机科学书目网站,提供计算机科学研究论文的综合列表。可以利用 DBLP 的论文列表构造一个共同作者图,其中,每个节点代表一个作者,若两个作者有共同的研究方向抑或存在一致的合作意向,那么两个节点间便会存在边缘。预测这些作者间不同方向的公共协作关系是一个很有趣的图聚类问题。在文献[41]中可以找到一个用于图聚类研究的 DBLP 数据集。

2.3.2 图数据分类

在现实世界的许多图中,节点常常与有用的信息相关联,而这些信息可以被视为这些节点的标签。例如,在社交网络中,这类信息可以是用户的人口统计属性,如年龄、性别、职业、兴趣和爱好。这些标签通常有助于描述该节点的特征,并可用于许多重要的应用。例如,在 Facebook 等社交网络上,可以利用与兴趣和爱好相关的标签向用户推荐相关内容(如新闻和事件)。然而,在现实中,通常很难为所有节点获得完整的标签集。例如,只有不到 1%的 Facebook 用户提供了完整的个人属性。

因此,多数时候很可能得到一个只有一部分节点有标签的图,而那些无标签的节点就需要通过模型预测标签。这就是图的节点分类问题。

定义 2-27(节点分类) 用 $G=\{V,E\}$ 表示一个图,其中 V 是节点集,E 是边集。V 中的一部分节点有标签,记为 $V_l\subseteq V$,剩下的节点没有标签,记为 V_u。由此可知,$V_l\cup V_u=V$ 和 $V_l\cap V_u=\varnothing$,节点分类的目标是利用图 G 和 V_l 的标签信息学习一个映射 φ,映射 φ 可以预测无标签节点 V_u 的标签。

【例 2.17】(Flickr 中的节点分类) Flickr 是一个图片托管平台,允许用户托管个人照片。同时,它也可以作为在线社交社区,用户可以互相关注。因此,Flickr 的用户和他们之间的连接形成了一个图。此外,Flickr 的用户可以订阅诸如"黑白""雾和雨""狗狗的世界"的兴趣小组。这些订阅表明了用户的兴趣,可以用作他们的标签。用户可以订阅多个兴趣小组,因此每位用户可以与多个标签相关联。图上的多标签节点分类问题可以预测感兴趣但尚未订阅的潜在兴趣小组,这种类型的数据集可以在文献[42]中找到。

2.3.3 图表示学习

图表示学习是解决图分析问题的一种有效而快速的方法。它将图数据转换到一个低维空间,目的是学习网络中节点的低维表示,其中图结构信息和图属性被最大限度地保留。

根据划分的层面,主要分为基于图结构的表示学习和基于图特征的表示学习。

基于图结构的表示学习(图嵌入)对节点向量表示的学习来源于图的拓扑结构,即给定图的输入 $G=\{V,E\}$,以及嵌入的预定义维数 $d(d\ll|V|)$,图嵌入的问题是将 G 投影至 d 维空间中,每个图都表示为一个 d 维向量(对于整个图)或一组 d 维向量,每个向量表示图的一部分(如节点、边、子结构)的嵌入。

基于图特征的表示学习(图神经网络)对节点的向量表示既包含了图的拓扑信息,也包含了已有属性的特征向量。为区别于基于图结构的表示学习,将这类模型叫作图神经网络。具体来说,给定一个信息网络 $G=\{V,E,\boldsymbol{X},\boldsymbol{Y}\}$,$\boldsymbol{X}\in\mathbf{R}^{|V|\times m}$ 为顶点属性矩阵,其中 m 为属性个数,元素 x_{ij} 为第 j 个属性上第 i 个顶点的值。$\boldsymbol{Y}\in\mathbf{R}^{|V|\times|Y|}$ 是顶点标签矩阵,如果第 i 个顶点有 k 个标签,那么元素 $y_{ik}=1$;否则,$y_{ik}=-1$。通过整合 E 中的网络结构、$\boldsymbol{X}$ 中的顶点属性和 $\boldsymbol{Y}$ 中的顶点标签,图神经网络的任务是学习一个映射函数 $f:v\rightarrow r_{v\in V}^{d}$,其中$r_v$ 是顶点 v 的学习向量表示,d 是学习表示的维度。变换 f 保留了原始网络信息和网络的属性特征,使得原始网络中相似的两个顶点在学习的向量空间中尽可能相似地表示。

图表示学习在许多实际应用中具有极其重要的意义,提供了一种有效的方法来解决图分析问题。很多下游应用,如推荐系统中的个性化推荐、社交媒体中新的联系的预测、生物学蛋白质功能的分析都可在图表示学习的基础上进行进一步的研究。

2.4 小　　结

本章作为本书的基础章,简单介绍了图的一些基本知识,包括图的定义、图的表示形式,进而对图的拓扑结构进行了简单陈述,主要集中在图的拓扑连通性方面,包括路径、基本的图关联矩阵理论等,再对图数据进一步分类,帮助读者了解图数据类型与相应的应用场景,最后对图数据挖掘任务进行了介绍,以辅助读者对图数据挖掘的基本任务有一个整体认识。这一章也是本书的重点。

2.5 拓展阅读

图可以描述复杂系统结构，提供了一种更全面的描述方式，其蓬勃发展的原因在于应用面广、实用性强等特点。更重要的一点是，图理论、矩阵理论为图数据挖掘提供了丰富的理论基础，进一步促进了图算法的发展。

建议读者从简单图论知识开始学习，典型的阅读材料是圣塔菲研究所外聘教授 Mark Newman 的《网络科学引论》一书。同时，建议读者深入阅读矩阵理论相关书籍，代表性的书籍有美国著名数学家 R. A. Horn 教授的《Matrix Analysis》(两卷)，以及清华大学张贤达教授的《矩阵分析与应用》等。

第3章 代数图论基础

本章主要介绍与图的特征值相关的一些基本理论，包括图的邻接矩阵和拉普拉斯矩阵的特征值都是实数，图的邻接矩阵和拉普拉斯矩阵的有理数特征值都是整数，以及图的拉普拉斯矩阵的特征值都是非负的。同时，还介绍图的特征值与图的结构参数之间的一些基本关系，包括图的途径与图的邻接矩阵的特征值的关系，图的直径与图的邻接矩阵的特征值的关系，以及图的连通性与图的拉普拉斯矩阵的特征值的关系。

3.1 图的特征值

令 $z = x + y_{\mathrm{i}}$ 表示一个复数，其中 $\mathrm{i} = \sqrt{-1}$，令 $z^* = x - y\mathrm{i}$ 表示 z 的复共轭，则

$$zz^* = x^2 + y^2$$

令 $\boldsymbol{u} \in \mathbf{C}^n$ 表示一个 n 维列向量，则将 $\boldsymbol{u}$ 中每个元素取共轭后即为 $\boldsymbol{u}$ 的复共轭，记为 $\boldsymbol{u}^*$。类似地，给定一个 $n \times n$ 的复矩阵 $\boldsymbol{M} \in \mathbf{C}^{n\times n}$，将 $\boldsymbol{M}$ 中每个元素取共轭后得到 $\boldsymbol{M}$ 的复共轭，记为 $\boldsymbol{M}^*$。关于复共轭，有以下性质：

性质 3.1 给定两个复数 z_1 和 z_2，当且仅当 $z_1^* = z_2^*$ 时，$z_1 = z_2$。

性质 3.2 给定两个 n 维列向量 $\boldsymbol{u} \in \mathbf{C}^n$ 和 $\boldsymbol{v} \in \mathbf{C}^n$，当且仅当 $\boldsymbol{u}^* = \boldsymbol{v}^*$ 时，$\boldsymbol{u} = \boldsymbol{v}$。

性质 3.3 给定两个 $n\times n$ 的复矩阵 $\boldsymbol{M} \in \mathbf{C}^{n\times n}$ 和 $\boldsymbol{N} \in \mathbf{C}^{n\times n}$，当且仅当 $\boldsymbol{M}^* = \boldsymbol{N}^*$ 时，$\boldsymbol{M} = \boldsymbol{N}$。

性质 3.4 给定一个 $n \times n$ 的复矩阵 $\boldsymbol{M} \in \mathbf{C}^{n\times n}$ 和一个 n 维列向量 $\boldsymbol{u} \in \mathbf{C}^n$，则

$$(\boldsymbol{Mu})^* = \boldsymbol{M}^* \boldsymbol{u}^*$$

性质 3.5 给定一个 $n \times n$ 的复矩阵 $\boldsymbol{M} \in \mathbf{C}^{n\times n}$，则

$$(\boldsymbol{M}^*)^{\mathrm{T}} = (\boldsymbol{M}^{\mathrm{T}})^*$$

定理 3.1 任意实对称矩阵的特征值都是实数。

证明：给定一个 $n \times n$ 的实对称矩阵 $\boldsymbol{M} \in \mathbf{R}^{n\times n}$，设 $\lambda \in \mathbf{C}$ 是 $\boldsymbol{M}$ 的一个特征值，其对应的特征向量为 $\boldsymbol{u} \in \mathbf{C}^n$，则

$$\boldsymbol{Mu} = \lambda \boldsymbol{u} \tag{3-1}$$

式(3－1)两边同时取复共轭，得

$$\boldsymbol{Mu}^* = \lambda^* \boldsymbol{u}^* \tag{3-2}$$

再将式(3－1)左乘$(\boldsymbol{u}^*)^{\mathrm{T}}$，并利用式(3－2)，得

$$\lambda(\boldsymbol{u}^*)^{\mathrm{T}}\boldsymbol{u} = (\boldsymbol{u}^*)^{\mathrm{T}}\boldsymbol{M}\boldsymbol{u} = (\boldsymbol{M}^{\mathrm{T}}\boldsymbol{u}^*)^{\mathrm{T}}\boldsymbol{u} = (\boldsymbol{M}\boldsymbol{u}^*)^{\mathrm{T}}\boldsymbol{u} = (\lambda^*\boldsymbol{u}^*)^{\mathrm{T}}\boldsymbol{u} = \lambda^*(\boldsymbol{u}^*)^{\mathrm{T}}\boldsymbol{u}$$

因此

$$(\lambda - \lambda^*)(\boldsymbol{u}^*)^{\mathrm{T}}\boldsymbol{u} = 0$$

又 $\boldsymbol{u} \neq \boldsymbol{0}$,且

$$(\boldsymbol{u}^*)^{\mathrm{T}}\boldsymbol{u} = \sum_{s=1}^{n}\boldsymbol{u}_s^*\boldsymbol{u}_s = \sum_{s=1}^{n}x_s^2 + y_s^2 > 0$$

式中:$\boldsymbol{u}_s = x_s + \mathrm{i}y_s$ 为向量 $\boldsymbol{u}$ 的第 s 个分量,所以 $\lambda - \lambda^* = 0$,即 $\lambda = \lambda^*$。这也意味着 λ 是实数。结论得证。

由于图的邻接矩阵和拉普拉斯矩阵都是实对称矩阵[43],因此,由定理 3.1 可得下面结论。

定理 3.2 图的邻接矩阵和拉普拉斯矩阵的特征值都是实数。

定理 3.2 说明了图的邻接矩阵和拉普拉斯矩阵的特征值都是实数。众所周知,实数包含有理数和无理数。对于图的邻接矩阵和拉普拉斯矩阵的有理数特征值,具有更好的性质。

定理 3.3 令 $f(x) = a_nx^n + a_{n-1}x^{n-1} + \cdots + a_1x + a_0$ 表示一个整系数多项式,其中 $a_n \neq 0, a_0 \neq 0$。设 $x = \dfrac{p}{q}$ 是方程 $f(x) = 0$ 的一个有理数根,其中$(p,q) = 1$,则 $p \mid a_0$ 且 $q \mid a_n$。

证明:由题设,可得

$$f\left(\frac{p}{q}\right) = a_n\left(\frac{p}{q}\right)^n + a_{n-1}\left(\frac{p}{q}\right)^{n-1} + \cdots + a_1\left(\frac{p}{q}\right) + a_0 = 0$$

两边同乘 q^n,得

$$a_np^n + a_{n-1}p^{n-1}q + \cdots + a_1pq^{n-1} + a_0q^n = 0$$

因此

$$p(a_np^{n-1} + a_{n-1}p^{n-2}q + \cdots + a_1q^{n-1}) = -a_0q^n$$

因为$(p,q) = 1$,所以 $p \mid a_0$。同理可得

$$q(a_{n-1}p^{n-1} + \cdots + a_1pq^{n-2} + a_0q^{n-1}) = -a_np^n$$

即 $q \mid a_n$。结论得证。

根据定理 3.3,可得下面结论。

定理 3.4 图的邻接矩阵的有理数特征值必然是整数。

证明:令 G 表示一个具有 n 个顶点的图,设 G 的邻接矩阵的特征多项式表示如下:

$$a_nx^n + a_{n-1}x^{n-1} + \cdots + a_1x + a_0$$

根据矩阵行列式的 Leibniz 公式,很容易验证 $a_n, a_{n-1}, \cdots, a_1, a_0$ 都是整数,并且 $a_n = 1$。令 $x = \dfrac{p}{q}$ 是图 G 的邻接矩阵一个有理数特征值,其中$(p,q) = 1$,根据定理 3.3,有 $q \mid a_n$,即 $q = 1$。因此,$x = \dfrac{p}{q}$ 必然是整数。结论得证。

对于图的拉普拉斯矩阵,有类似的结论。

定理 3.5 图的拉普拉斯矩阵的有理数特征值必然是整数。

证明:与定理 3.4 的证明类似,此处省略。

3.2 图的途径与特征值的关系

定理 3.6 令 G 表示一个具有 n 个顶点的图,其顶点集合为 $\{v_1, v_2, \cdots, v_n\}$,邻接矩阵为 $\boldsymbol{A}$,令 $\boldsymbol{A}^l$ 表示邻接矩阵 $\boldsymbol{A}$ 的 l 次幂,则 $\boldsymbol{A}^l$ 的第 i 行第 j 列的元素等于从顶点 v_i 到顶点 v_j 的长度为 l 的途径的数目。

证明:用数学归纳法进行证明。当 $l = 1$ 时,$\boldsymbol{A}^1 = \boldsymbol{A}$,结论显然成立。假设当 $l = k$ 时,结论成立。下面证明当 $l = k + 1$ 时,结论也成立。

令 b_{ij} 表示 $\boldsymbol{A}^k$ 的第 i 行第 j 列的元素,a_{ij} 表示 $\boldsymbol{A}$ 的第 i 行第 j 列的元素。由归纳假设知,b_{ij} 表示从顶点 v_i 到顶点 v_j 的长度为 k 的途径的数目。因为 $\boldsymbol{A}^{k+1} = \boldsymbol{A}\boldsymbol{A}^k$,所以 $\boldsymbol{A}^{k+1}$ 的第 i 行第 j 列的元素可表示为

$$a_{i1}b_{1j} + a_{i2}b_{2j} + \cdots + a_{in}b_{nj} = \sum_{m=1}^{n} a_{im}b_{mj}$$

注意到 $a_{i1}b_{1j} =$(从顶点 v_i 到顶点 v_1 的长度为 1 的途径的数目)×(从顶点 v_1 到顶点 v_j 的长度为 k 的途径的数目)= 从顶点 v_i 到顶点 v_j 的长度为 $k+1$ 的途径的数目,其中 v_1 为途径的第二个顶点。同理,对于任意的 m,$a_{im}b_{1m} =$ 从顶点 v_i 到顶点 v_j 的长度为 $k+1$ 的途径的数目,其中 v_m 为途径的第二个顶点。因此,$\sum_{m=1}^{n} a_{im}b_{mj}$ 就是从顶点 v_i 到顶点 v_j 的长度为 $k+1$ 的途径的数目。结论得证。

定义 3.1 图中从顶点 u 到顶点 u 的途径称为闭途径[44-45]。

定理 3.7 令 G 表示一个具有 n 个顶点的图,其顶点集合为 $\{v_1, v_2, \cdots, v_n\}$,邻接矩阵的特征值为 $\lambda_1, \lambda_2, \cdots, \lambda_n$,则长度为 l 的闭途径的数目等于 $\sum_{i=1}^{n} \lambda_i^l$。

证明:令 $\boldsymbol{A}$ 表示图 G 的邻接矩阵,由定理 3.6 知,从顶点 v_i 到顶点 v_j 的长度为 l 的途径的数目等于 $\boldsymbol{A}^l$ 的第 i 行第 j 列的元素。因而,$\boldsymbol{A}^l$ 的第 i 行第 i 列的元素等于从顶点 v_i 到顶点 v_i 的长度为 l 的闭途径的数目。因此,$\boldsymbol{A}^l$ 的迹 $\mathrm{tr}(\boldsymbol{A}^l)$ 等于所有的长度为 l 的闭途径的数目。另一方面,如果 λ_i 是 $\boldsymbol{A}$ 的特征值,那么 λ_i^l 是 $\boldsymbol{A}^l$ 的特征值。将 $\boldsymbol{A}^l$ 对角化,可得

$$\boldsymbol{S}^{-1}\boldsymbol{A}^l\boldsymbol{S} = \boldsymbol{D}$$

式中:$\boldsymbol{D}$ 是对角元素为 $\boldsymbol{A}^l$ 的特征值的对角矩阵,$\boldsymbol{S}$ 为可逆矩阵。因此,

$$\mathrm{tr}(\boldsymbol{A}^l) = \mathrm{tr}(\boldsymbol{S}^{-1}\boldsymbol{A}^l\boldsymbol{S}) = \mathrm{tr}(\boldsymbol{D}) = \sum_{i=1}^{n} \lambda_i^l$$

结论得证。

由定理 3.7,可得如下结论。

定理 3.8 令 G 表示一个具有 n 个顶点的图,邻接矩阵的特征值为 $\lambda_1, \lambda_2, \cdots, \lambda_n$,则 G 的边数等于 $\frac{1}{2}\sum_{i=1}^{n} \lambda_i^2$。

证明:由图 G 的一条边可给出 2 条长度为 2 的闭途径,因此,由定理 3.7 可得结论。

定理 3.9 令 G 表示一个具有 n 个顶点的图，邻接矩阵的特征值为 $\lambda_1, \lambda_2, \cdots, \lambda_n$，则 G 中三角形的数目等于 $\frac{1}{6}\sum_{i=1}^{n}\lambda_i^3$。

证明： 图 G 的一个三角形可给出 6 条长度为 3 的闭途径，因此，由定理 3.7 可得结论。

定理 3.10 令 G 表示一个具有 n 个顶点的图，邻接矩阵的特征值为 $\lambda_1, \lambda_2, \cdots, \lambda_n$，则 G 中长度为 4 的圈的数目等于

$$\frac{1}{8}\left(\sum_{i=1}^{n}\lambda_i^4 - 2e - 4f\right)$$

式中：e 表示 G 的边的数目；f 表示 G 中长度为 2 的路的数目。

证明： 由图 G 的一条边可给出 2 条长度为 4 的闭途径，由图 G 中一条长度为 2 的路可给出 4 条长度为 4 的闭途径，由图 G 的一个长度为 4 的圈可给出 8 条长度为 4 的闭途径，因此，由定理 3.7 可得结论。

3.3 图的直径与特征值的关系

令 G 表示一个具有 n 个顶点的图，其邻接矩阵为 $\mathbf{A}$。设 $\mathbf{A}$ 的所有不同的特征值为 $\lambda^{(1)}, \lambda^{(2)}, \cdots, \lambda^{(m)}$，则 $\mathbf{A}$ 的最小多项式为

$$\varphi(\lambda) = (\lambda - \lambda^{(1)})(\lambda - \lambda^{(2)})\cdots(\lambda - \lambda^{(m)})$$

假设 $\varphi(\lambda) = \lambda^m + b_1\lambda^{m-1} + \cdots + b_m$，则对任意的 $k = 0, 1, 2, \cdots$，下面等式成立：

$$\mathbf{A}^{m+k} + b_1\mathbf{A}^{m+k-1} + \cdots + b_m\mathbf{A}^k = \mathbf{0} \tag{3-3}$$

定理 3.11 令 G 表示一个具有 m 个不同特征值的连通图，则 G 的直径 diameter(G) 满足

$$\text{diameter}(G) \leqslant m - 1$$

证明： 假设图 G 的直径 diameter(G) $= s \geqslant m$，由直径的定义和定理 3.6 知，当 $k < s$ 时，存在 i, j，使得矩阵 $\mathbf{A}^k$ 的第 i 行第 j 列的元素 $a_{ij}^{(k)} = 0$，但是 $a_{ij}^{(s)} \neq 0$。在式(3-3)中，令 $k = s - m$，则有

$$\mathbf{A}^s + b_1\mathbf{A}^{s-1} + \cdots + b_m\mathbf{A}^{s-m} = \mathbf{0}$$

根据 $a_{ij}^{(k)} = 0\ (k = 1, 2, \cdots, s-1)$ 可得 $a_{ij}^{(s)} = 0$，矛盾。因此，图 G 的直径 diameter(G) $\leqslant m - 1$。

3.4 图的拉普拉斯特征值的非负性

定理 3.12 令 G 表示一个具有 n 个顶点的图，则 0 一定是 G 的拉普拉斯矩阵的特征值。

证明： 设 $\mathbf{L}$ 表示图 G 的拉普拉斯矩阵，$\mathbf{1}_n$ 表示阶为 n 的元素全部是 1 的列向量，根据

拉普拉斯矩阵的定义，有 $\boldsymbol{L}\boldsymbol{1}_n = 0\boldsymbol{1}_n$，这意味着 0 是 $\boldsymbol{L}$ 的特征值，其对应的特征向量为 $\boldsymbol{1}_n$。

定理 3.13 令 G 表示一个具有 n 个顶点的图，则 G 的拉普拉斯矩阵的特征值是非负的。

证明：设 $\boldsymbol{L}$ 表示图 G 的拉普拉斯矩阵，μ 是 $\boldsymbol{L}$ 的任一特征值，其对应的特征向量为 $\boldsymbol{x} = [x_1, x_2, \cdots, x_n]^{\mathrm{T}} \in \mathbf{R}^n$，则

$$\boldsymbol{x}^{\mathrm{T}}\boldsymbol{L}\boldsymbol{x} = \boldsymbol{x}^{\mathrm{T}}\mu\boldsymbol{x} = \mu\boldsymbol{x}^{\mathrm{T}}\boldsymbol{x}$$

另外

$$\boldsymbol{x}^{\mathrm{T}}\boldsymbol{L}\boldsymbol{x} = \sum_{ij \in E}(x_i - x_j)^2 \geqslant 0$$

式中：E 表示 G 的边集。因此，$\mu \geqslant 0$。结论得证。

3.5 图的连通性与拉普拉斯特征值的关系

定理 3.14 令 G 表示一个具有 n 个顶点的图，$0 = \lambda_1 \leqslant \lambda_2 \leqslant \cdots \leqslant \lambda_n$ 为 G 的拉普拉斯矩阵 $\boldsymbol{L}$ 的特征值，则当且仅当 G 是连通图时，$\lambda_2 > 0$。

证明：先证明充分性，假设 G 是连通图，证明 $\lambda_2 > 0$。

设 G 的顶点集 $V = \{1, 2, \cdots, n\}$，$\boldsymbol{x} = [x_1, x_2, \cdots, x_n]^{\mathrm{T}} \in \mathbf{R}^n$ 为拉普拉斯矩阵 $\boldsymbol{L}$ 的 0 特征值对应的特征向量，则 $\boldsymbol{L}\boldsymbol{x} = 0$。另外

$$0 = \boldsymbol{x}^{\mathrm{T}}\boldsymbol{L}\boldsymbol{x} = \sum_{ij \in E}(x_i - x_j)^2$$

式中：E 表示 G 的边集。因此，对于 G 的一条边 $ij \in E$，有 $x_i = x_j$。因为 G 是连通图，所以 G 的任意一对顶点 i, j 之间都存在一条路，并且这条路上的所有顶点 $s, t, \cdots$ 均有 $x_s = x_t = \cdots$。因此，$\boldsymbol{x}$ 中所有元素相等，即 $\boldsymbol{L}$ 的 0 特征值对应的特征空间的维数为 1，即 0 特征值的重数为 1，亦即 $\lambda_2 > 0$。

下面证明必要性，假设 G 不是连通图，证明 $\lambda_2 = 0$。

设 $G = G_1 \cup G_2$，其中 G_1, G_2 为 G 的两个（不一定连通的）分支，则

$$\boldsymbol{L} = \begin{bmatrix} \boldsymbol{L}_1 & 0 \\ 0 & \boldsymbol{L}_2 \end{bmatrix}$$

式中：$\boldsymbol{L}_1, \boldsymbol{L}_2$ 分别表示 G_1, G_2 的拉普拉斯矩阵。此时，拉普拉斯矩阵 $\boldsymbol{L}$ 的 0 特征值至少有两个正交的特征向量：

$$\boldsymbol{x}_1 = \begin{bmatrix} 0 \\ 1 \end{bmatrix}, \qquad \boldsymbol{x}_2 = \begin{bmatrix} 1 \\ 0 \end{bmatrix}$$

式中：$\boldsymbol{x}_1, \boldsymbol{x}_2$ 的分块与 $\boldsymbol{L}$ 保持一致。这也意味着，$\boldsymbol{L}$ 的 0 特征值的重数至少为 2，即 $\lambda_2 = 0$。由逆否命题可知，如果 $\lambda_2 > 0$，那么 G 是连通图。

结论得证。

由定理 3.14，很容易得到如下结论：

定理 3.15 图 G 的拉普拉斯矩阵 $\boldsymbol{L}$ 的 0 特征值的重数等于 G 的连通分支数。

由定理 3.15 可知,图的连通分支数可由图的拉普拉斯矩阵的特征值确定。

3.6 小 结

图谱理论主要通过图的邻接矩阵、拉普拉斯矩阵、无符号拉普拉斯矩阵等的特征多项式、特征值或特征向量来研究图的拓扑性质、代数性质以及在其他学科中的应用。近年来,图谱理论已成为国内外研究热点,引起了国内外众多专家、学者的广泛关注。众所周知,图谱中包含图的大量拓扑结构信息及代数性质,这是我们研究图谱的一个重要原因。此外,图谱理论与其他学科有着紧密联系,如编码理论、组合优化、量子信息学等。

本章主要介绍了图谱理论的一些基本结论,包括图的邻接矩阵和拉普拉斯矩阵的特征值都是实数,图的邻接矩阵和拉普拉斯矩阵的有理数特征值都是整数,以及图的拉普拉斯矩阵的特征值都是非负的。同时,还介绍了图的特征值与图的结构参数的一些基本性质,包括图的途径与图的邻接矩阵的特征值的关系,图的直径与图的邻接矩阵的特征值的关系,以及图的连通性与图的拉普拉斯矩阵的特征值的关系。

3.7 拓展阅读

代数图论作为图论的一个分支,研究图的代数性质,为图数据挖掘算法与应用研究提供理论支撑。掌握代数图论的基本理论是复杂图模式刻画、建模和挖掘的关键所在。

读者在有条件的情况下可系统性阅读 Chris Godsil 等著的《代数图论》、崔勇等著的《图论与代数结构》等书籍。这些基础知识可以帮助读者理解后续图挖掘算法。

第 4 章　图能量函数

给定 n 个顶点的图 G，令 $\lambda_1(G),\lambda_2(G),\cdots,\lambda_n(G)$ 表示图 G 的所有邻接特征值，定义图 G 的能量为

$$\mathfrak{E}(G)=\sum_{i=1}^{n}|\lambda_i(G)|$$

1978 年，塞尔维亚化学家和数学家伊凡·古特曼(Ivan Gutman)首次定义了图的能量[46]，这一概念的提出使得化学家可以估计共轭碳氢化合物(Conjugated Hydrocarbons)分子中的 π 电子轨道的能量。近年来，数学家对图能量的兴趣不断上升，涌现出一大批的研究成果[47]。本章主要刻画一类定义在有限交换环的单位 1 -匹配双凯莱图(Unitary One-matching Bi-Cayley Graphs)的能量。

4.1　预备知识

令 Γ 表示单位元为 e 的群，$\Omega_l,\Omega_r,\Omega_m$ 表示 Γ 的子集，且满足 $\Omega_l=\Omega_l^{-1}$，$\Omega_r=\Omega_r^{-1}$ 和 $e\notin\Omega_l\cup\Omega_r$。令 $BC(\Gamma;\Omega_l,\Omega_r,\Omega_m)$ 表示定义在 Γ 上的双凯莱图，其顶点集为 $\Gamma\times\{0,1\}$，顶点 $\{h,i\}$ 和 $\{g,j\}$ 相邻当且仅当满足下面三种情形之一时：

(1) $i=j=0$ 且 $gh^{-1}\in\Omega_l$。

(2) $i=j=1$ 且 $gh^{-1}\in\Omega_r$。

(3) $i=0,j=1$ 且 $gh^{-1}\in\Omega_m$。

特别地，如果 $\Omega_m=\{e\}$，那么 $BC(\Gamma;\Omega_l,\Omega_r,\Omega_m)$ 称为定义在 Γ 上的 1 -匹配双凯莱图。

令 R 表示单位为 $1\neq0$ 的有限交换环，令 $R^\times$ 表示 R 的所有乘法可逆元构成的集合。具有唯一极大理想的交换环称为局部环(Local Ring)。众所周知，如果 R 是一个具有极大理想 M 的局部环，那么 $R^\times=R\backslash M$；任何一个有限交换环都可以表示成有限局部环的积的形式，并且在不考虑这些局部环的顺序的情况下，表示形式是唯一的[48]。因此，本章中给出如下假设。

假设 4.1　令 $R=R_1\times R_2\times\cdots\times R_2$ 表示一个有限交换环，其中 R_i 是具有极大理想 M_i 阶为 m_i 的局部环。假设

$$|R_1|/m_1\leqslant|R_2|/m_2\leqslant\cdots\leqslant|R_s|/m_s$$

令 R 如假设4.1所示，$\mathrm{Cay}(R,R^{\times})$ 表示定义在 R 上的单位凯莱图(Unitary Cayley Graph)，其顶点集为 R，顶点 $x,y\in R$ 相邻当且仅当 $x-y\in R^{\times}$。单位凯莱图 $\mathrm{Cay}(R,R^{\times})$ 的正则度为

$$|R^{\times}|=\prod_{i=1}^{s}|R_i^{\times}|=\prod_{i=1}^{s}(|R_i|-m_i)=\prod_{i=1}^{s}m_i[(|R_i|/m_i)-1]$$
$$=|R|\prod_{i=1}^{s}\left(1-\frac{1}{|R_i|/m_i}\right) \tag{4-1}$$

对于 $\{1,2,\cdots,s\}$ 的任一子集 C，定义

$$\lambda_C=(-1)^{|C|}\frac{|R^{\times}|}{\prod_{j\in C}(|R_j^{\times}|/m_j)}$$

特别地，$\lambda_{\varnothing}=|R^{\times}|$；如果 $s=1$，那么 $\lambda_{\{1\}}=-m$，其中 m 为 R 的唯一极大理想的阶。

引理4.1　(见文献[49]中的引理2.3)令 R 如假设4.1所示，则单位凯莱图 $\mathrm{Cay}(R,R^{\times})$ 的邻接特征值如下：

(1) λ_C，重数为 $\prod_{j\in C}(|R_j^{\times}|/m_j)$，其中 C 遍历 $\{1,2,\cdots,s\}$ 的所有子集；

(2) 0，重数为 $|R|-\prod_{i=1}^{s}\left(1+\frac{|R_i^{\times}|}{m_i}\right)$。

给定两个图 $G=(V(G),E(G))$ 和 $H=(V(H),E(H))$，令 $G\square H$ 表示图 G 和 H 的笛卡儿积(Cartesian Product)，其顶点集为 $V(G)\times V(H)$，当且仅当 $v=y$ 且 u 与 x 在 G 中相邻或 $u=x$ 且 v 与 y 在 H 中相邻时，顶点 (u,v) 与 (x,y) 相邻。

引理4.2　(见文献[45]中的定理2.5.4)令 $\lambda_1,\lambda_2,\cdots,\lambda_n$ 和 $\mu_1,\mu_2,\cdots,\mu_m$ 分别表示图 G 和 H 的邻接特征值，则 $G\square H$ 的邻接特征值为 $\lambda_i+\mu_j$，$1\leqslant i\leqslant n$，$1\leqslant j\leqslant m$。

4.2　主要结论

令 R 如假设4.1所示，定义在 R 上的加法群上的1-匹配双凯莱图 $BC(R;R^{\times},R^{\times},\{0\})$ 称为定义在 R 上的单位1-匹配双凯莱图，记为 G_R。很明显，G_R 是 $(|R^{\times}|+1)$-正则图。

定理4.1　令 R 如假设4.1所示，则 G_R 的邻接特征值如下：

(1) $\lambda_C\pm1$，重数为 $\prod_{j\in C}(|R_j^{\times}|/m_j)$，其中 C 遍历 $\{1,2,\cdots,s\}$ 的所有子集；

(2) ±1，重数为 $|R|-\prod_{i=1}^{s}\left(1+\frac{|R_i^{\times}|}{m_i}\right)$。

证明：由单位1-匹配双凯莱图和笛卡儿积的定义可得，$G_R\cong\mathrm{Cay}(R,R^{\times})\square P_2$，其中 P_2 是顶点个数为2的路。因为 P_2 的邻接特征值为 ±1，则由引理4.1和4.2可得结论。

定理4.2　令 R 如假设4.1所示，则 G_R 的能量为

$$\mathfrak{E}(G_R) = 2\left[|R|\left(1-\prod_{i=1}^{s}\frac{1}{m_i}\right)+2^s|R^\times|\right]$$

证明:令 $\lambda_1 = |R^\times|, \lambda_2, \cdots, \lambda_{|R|}$ 为 $\mathrm{Cay}(R, R^\times)$ 的邻接特征值,$N = \{1, 2, \cdots, s\}$,根据定理 4.1 (1),计算如下式:

$$\begin{aligned}\sum_{\substack{\lambda_i \neq 0 \\ i\neq 1}}|\lambda_i - 1| &= \sum_{\substack{C\subseteq N \\ C\neq\varnothing}}\prod_{j\in C}\frac{|R_j^\times|}{m_j}\left|(-1)^{|C|}\frac{|R^\times|}{\prod_{j\in C}(|R_j^\times|/m_j)}-1\right| \\ &= \sum_{\substack{C\subseteq N \\ C\neq\varnothing}}\left|(-1)^{|C|}|R^\times| - \prod_{j\in C}\frac{|R_j^\times|}{m_j}\right| \\ &= \sum_{\substack{C\subseteq N \\ C\neq\varnothing}}|R^\times| - \sum_{\substack{C\subseteq N \\ C\neq\varnothing}}(-1)^{|C|}\prod_{j\in C}\frac{|R_j^\times|}{m_j} \\ &= (2^s-1)|R^\times| - \left[-1+\prod_{i=1}^{s}\left(1-\frac{|R_i^\times|}{m_i}\right)\right]\end{aligned} \tag{4-2}$$

同理可得

$$\sum_{\substack{\lambda_i \neq 0 \\ i\neq 1}}|\lambda_i + 1| = (2^s-1)|R^\times| + \left[-1+\prod_{i=1}^{s}\left(1-\frac{|R_i^\times|}{m_i}\right)\right] \tag{4-3}$$

因此,由定理 4.1、式(4-2) 和式(4-3) 可得

$$\begin{aligned}\mathfrak{E}(G_R) &= |\lambda_1+1|+|\lambda_1-1|+\sum_{\substack{\lambda_i \neq 0 \\ i\neq 1}}|\lambda_i-1|+\sum_{\substack{\lambda_i \neq 0 \\ i\neq 1}}|\lambda_i+1|+2\left[|R|-\prod_{i=1}^{s}\left(1+\frac{|R_i^\times|}{m_i}\right)\right] \\ &= 2\left[|R|+2^s|R^\times|-\prod_{i=1}^{s}\left(1+\frac{|R_i^\times|}{m_i}\right)\right] \\ &= 2\left[|R|+2^s|R^\times|-\prod_{i=1}^{s}\frac{|R_i^\times|}{m_i}\right] \\ &= 2\left[|R|\left(1-\prod_{i=1}^{s}\frac{1}{m_i}\right)+2^s|R^\times|\right]\end{aligned}$$

结论得证。

如果具有 n 个顶点的图 G 的能量满足

$$\mathfrak{E}(G) > 2(n-1)$$

那么图 G 称为超能图(Hyperenergetic)。

接下来,将利用定理 4.2 来刻画哪些单位 1-匹配双凯莱图是超能图。

定理 4.3 令 R 如假设 4.1 所示,则当且仅当 R 满足下面情形之一时,G_R 是超能图。

(1)$s = 1$,$|R_1|/m_1 \geqslant 3$ 且 $m_1 \geqslant 2$,其中 $|R_1|/m_1 = 3$ 且 $m_1 = 2$ 除外。

(2)$s = 2$,$|R_1|/m_1 \geqslant 3$ 且 $|R_2|/m_2 \geqslant 4$。

(3)$s = 2$,$|R_1|/m_1 = 2$,$|R_2|/m_2 \geqslant 3$ 且 $m_1m_2 \geqslant 2$,其中 $|R_2|/m_2 = 3$ 且 $m_1m_2 = 2$ 除外。

(4)$s = 2$,$|R_1|/m_1 = |R_2|/m_2 = 3$ 且 $m_1m_2 \geqslant 2$。

(5)$s \geqslant 3$,$|R_{s-2}|/m_{s-2} \geqslant 3$。

(6)$s \geqslant 3$，$|R_{s-1}|/m_{s-1} \geqslant 3$ 且 $|R_s|/m_s \geqslant 4$。

(7)$s \geqslant 3$，$|R_{s-2}|/m_{s-2} = |R_{s-1}|/m_{s-1} = 2$，$|R_s|/m_s \geqslant 3$ 且 $\prod_{i=1}^{s} m_i \geqslant 2$，其中 $|R_s|/m_s = 3$ 且 $\prod_{i=1}^{s} m_i = 2$ 除外。

(8)$s \geqslant 3$，$|R_{s-2}|/m_{s-2} = 2$，$|R_{s-1}|/m_{s-1} = |R_s|/m_s = 3$ 且 $\prod_{i=1}^{s} m_i \geqslant 2$。

证明：由定理 4.2 知，当且仅当

$$2\left[|R|\left(1 - \prod_{i=1}^{s} \frac{1}{m_i}\right) + 2^s |R^{\times}|\right] > 2(2|R| - 1)$$

即

$$2^s > \frac{|R|}{|R^{\times}|}\left(1 + \prod_{i=1}^{s} \frac{1}{m_i}\right) - \frac{1}{|R^{\times}|} \tag{4-4}$$

时，G_R 是超能图。

当 $s = 1$ 时，由式(4-4)，得

$$2 > \frac{|R_1|}{|R_1^{\times}|}\left(1 + \frac{1}{m_1}\right) - \frac{1}{|R_1^{\times}|}$$

即

$$2 > 1 + \frac{1}{m_1} + \frac{1}{|R_1|/m_1 - 1}$$

很明显，除 $m_1 = 1$，$|R_1|/m_1 = 3$，$|R_1|/m_1 = 3$ 且 $m_1 = 2$ 之外，上式均成立。因此，情形(1) 得证。

当 $s \geqslant 2$ 时，那么由文献[49] 中的定理 2.5 知，如果

(1)$s = 2$，$|R_1|/m_1 \geqslant 3$ 且 $|R_2|/m_2 \geqslant 4$；

(2)$s \geqslant 3$，$|R_{s-2}|/m_{s-2} \geqslant 3$；

(3)$s \geqslant 3$，$|R_{s-1}|/m_{s-1} \geqslant 3$ 且 $|R_s|/m_s \geqslant 4$；

那么

$$2^{s-1} > \frac{|R|}{|R^{\times}|}$$

很明显，上述三种情形下，式(4-4) 成立。因此，情形(2)(5) 和(6) 得证。

下面考虑上述情形外的其他情形。

当 $s = 2$ 且 $|R_1|/m_1 = 2$ 时，由式(4-1)，得

$$|R^{\times}| = m_1 m_2[(|R_2|/m_2) - 1] = \frac{|R|}{2}\left(1 - \frac{1}{|R_2|/m_2}\right)$$

即

$$\frac{|R|}{|R^{\times}|} = \frac{2|R_2|/m_2}{(|R_2|/m_2) - 1}$$

将上述两式代入式(4-4)，得

$$4 > \frac{2|R_2|/m_2}{(|R_2|/m_2) - 1}\left(1 + \frac{1}{m_1 m_2}\right) - \frac{1}{m_1 m_2[(|R_2|/m_2) - 1]}$$

即

$$4 > 2 + \frac{2}{(|R_2|/m_2) - 1} + \frac{2}{m_1 m_2} + \frac{1}{m_1 m_2[(|R_2|/m_2) - 1]}$$

很明显,除 $m_1 m_2 = 1, |R_2|/m_2 = 2, |R_2|/m_2 = 3$ 且 $m_1 m_2 = 2$ 之外,上式均成立。因此,情形(3) 得证。

当 $s = 2$ 且 $|R_1|/m_1 = |R_2|/m_2 = 3$ 时,由式(4-1),得

$$|R^{\times}| = 4m_1 m_2 = \frac{4}{9}|R|$$

即

$$|R|/|R^{\times}| = \frac{9}{4}$$

此时,式(4-4) 简化为

$$4 > \frac{9}{4} + \frac{2}{m_1 m_2}$$

很明显,当 $m_1 m_2 \geqslant 2$ 时,上式成立。因此,情形(4) 得证。

当 $s \geqslant 3$ 且 $|R_{s-2}|/m_{s-2} = |R_{s-1}|/m_{s-1} = |R_s|/m_s = 2$ 时,由式(4-1),得

$$|R^{\times}| = \prod\nolimits_{i=1}^{s} m_i = \frac{1}{2^s}|R|$$

即

$$|R|/|R^{\times}| = 2^s$$

此时,式(4-4) 简化为

$$2^s > 2^s\left(1 + \prod_{i=1}^{s}\frac{1}{m_i}\right) - \frac{1}{\prod\nolimits_{i=1}^{s} m_i}$$

很明显,上式不可能成立。

当 $s \geqslant 3, |R_{s-2}|/m_{s-2} = |R_{s-1}|/m_{s-1} = 2$ 且 $|R_s|/m_s \geqslant 3$ 时,由式(4-1),得

$$|R^{\times}| = [(|R_s|/m_s) - 1]\prod_{i=1}^{s} m_i = \frac{1}{2^{s-1}}\left(1 - \frac{1}{|R_s|/m_s}\right)|R|$$

即

$$\frac{|R|}{|R^{\times}|} = \frac{2^{s-1}|R_s|/m_s}{(|R_s|/m_s) - 1}$$

此时,式(4-4) 简化为

$$2^s > \frac{2^{s-1}|R_s|/m_s}{(|R_s|/m_s) - 1}\left(1 + \prod_{i=1}^{s}\frac{1}{m_i}\right) - \frac{1}{[(|R_s|/m_s) - 1]\prod\limits_{i=1}^{s} m_i}$$

即

$$2^s > 2^{s-1} + \frac{2^{s-1}}{(|R_s|/m_s) - 1} + \frac{2^{s-1}}{\prod\limits_{i=1}^{s} m_i} + \frac{2^{s-1} - 1}{[(|R_s|/m_s) - 1]\prod\limits_{i=1}^{s} m_i}$$

很明显,除 $\prod\nolimits_{i=1}^{s} m_i = 1, |R_s|/m_s = 3$ 且 $\prod\nolimits_{i=1}^{s} m_i = 2$ 之外,上式均成立。因此,情形(7) 得证。

当 $s \geqslant 3$，$|R_{s-2}|/m_{s-2} = 2$ 且 $|R_{s-1}|/m_{s-1} = |R_s|/m_s = 3$ 时，由式(4－1)，得

$$|R^{\times}| = 4\prod_{i=1}^{s} m_i = \frac{4}{9} \times \frac{1}{2^{s-2}}|R|$$

即

$$\frac{|R|}{|R^{\times}|} = \frac{9}{4} \times 2^{s-2}$$

此时，式(4－4) 简化为

$$2^s > \frac{9}{4} \times 2^{s-2}\left(1 + \prod_{i=1}^{s} \frac{1}{m_i}\right) - \frac{1}{4\prod_{i=1}^{s} m_i}$$

很明显，当 $\prod_{i=1}^{s} m_i \geqslant 2$ 时，上式成立。因此，情形(8) 得证。

令 $n = p_1^{\alpha_1} p_2^{\alpha_2} \cdots p_s^{\alpha_s}$ 为正整数 n 的标准分解式，其中 $p_1 < p_2 < \cdots < p_s$ 为素数，$\alpha_i \geqslant 1$，$i = 1, 2, \cdots, s$。众所周知[48]，

$$Z_n \cong Z_{p_1^{\alpha_1}} \times Z_{p_2^{\alpha_2}} \times \cdots \times Z_{p_s^{\alpha_s}}$$

式中，$R_i = Z_{p_i^{\alpha_i}}$ 是具有唯一极大理想 $M_i = (p_i)/(p_i^{\alpha_i})$ 阶为 $m_i = |M_i| = p_i^{\alpha_i - 1}$ 的局部环。

推论 4.1 令 $n = p_1^{\alpha_1} p_2^{\alpha_2} \cdots p_s^{\alpha_s}$ 如上所示，则

(1)$G_{\mathbb{Z}_n}$ 的能量为

$$\mathfrak{E}(G_{\mathbb{Z}_n}) = 2\left[n + 2^s \varphi(n) \prod_{i=1}^{s} p_i\right]$$

式中：

$$\varphi(n) = \begin{cases} n\prod_{i=1}^{s}\left(1 - \dfrac{1}{p_i}\right), & n \geqslant 2 \\ 1, & n = 1 \end{cases}$$

是欧拉函数。

(2) 当且仅当 n 满足下面情形之一时，$G_{\mathbb{Z}_n}$ 是超能图。

1)$n = p_1^{\alpha_1}$，$p_1 \geqslant 3$ 且 $\alpha_1 \geqslant 2$。

2)$n = p_1^{\alpha_1} p_2^{\alpha_2}$，$p_1 \geqslant 2$ 且 $p_2 \geqslant 3$，其中 $n = 2p_2$ 和 $n = 2^2 \times 3$ 除外。

3)$n = p_1^{\alpha_1} p_2^{\alpha_2} \cdots p_s^{\alpha_s}$ 且 $s \geqslant 3$。

证明：(1) 由定理 4.2 和式(4－1)，很容易验证结论正确。

(2) 当 $s = 1$ 时，由定理 4.3(1)，得 $p_1 \geqslant 3$，$p_1^{\alpha_1 - 1} \geqslant 2$，其中 $p_1 = 3$ 且 $p_1^{\alpha_1 - 1} = 2$ 除外。很明显，$p_1 = 3$ 且 $p_1^{\alpha_1 - 1} = 2$ 不可能发生。因此，$n = p_1^{\alpha_1}$，$p_1 \geqslant 3$ 且 $\alpha_1 \geqslant 2$，情形 1) 得证。

当 $s = 2$ 时，由定理 4.3(2) ～ (4)，得

①$p_1 \geqslant 3$ 且 $p_2 \geqslant 5$，即 $n = p_1^{\alpha_1} p_2^{\alpha_2}$，$p_1 \geqslant 3$ 且 $p_2 \geqslant 5$。

②$p_1 = 2$，$p_2 \geqslant 3$ 且 $2^{\alpha_1 - 1} p_2^{\alpha_2 - 1} \geqslant 2$，其中 $p_2 = 3$ 且 $2^{\alpha_1 - 1} 3^{\alpha_2 - 1} = 2$ 除外。因为除 $\alpha_1 = \alpha_2 = 1$ 之外，$2^{\alpha_1 - 1} p_2^{\alpha_2 - 1} \geqslant 2$ 均成立。而只有当 $\alpha_1 = 2$ 且 $\alpha_2 = 1$ 时 $2^{\alpha_1 - 1} 3^{\alpha_2 - 1} = 2$ 成立，因此，$n = 2^{\alpha_1} p_2^{\alpha_2}$ 且 $p_2 \geqslant 3$，其中 $n = 2p_2$ 和 $n = 2^2 \times 3$ 除外。

③$p_1 = p_2 \geqslant 3$，此情形不可能发生。

综上所述，情形 2) 得证。

当 $s \geqslant 3$ 时，由定理 4.3(5) ～ (8)，得

①$p_{s-2} \geqslant 3$。

②$p_{s-1} \geqslant 3$ 且 $p_s \geqslant 5$。

③$p_{s-2} = p_{s-1} = 2$ 且 $p_s \geqslant 3$，此情形不可能发生。

④$p_{s-2} = 2$ 且 $p_{s-1} = p_s = 3$，此情形不可能发生。

综上所述，情形 3) 得证。

如果具有 n 个顶点的图 G 的能量满足

$$\mathfrak{E}(G) < n$$

那么图 G 称为亚能图(Hypoenergetic)。

定理 4.4 令 R 如假设 4.1 所示，则 G_R 不是亚能图。

证明：由定理 4.2 知，当且仅当

$$2\left[|R|\left(1-\prod_{i=1}^{s}\frac{1}{m_i}\right)+2^s|R^\times|\right]<2|R|$$

即

$$2^s|R^\times|<|R|\prod_{i=1}^{s}\frac{1}{m_i} \tag{4-5}$$

时，G_R 是亚能图。

由于 $|R_i|/m_i \geqslant 2(i=1,2,\cdots,s)$，由式(4-1)，得

$$2^s|R^\times|=2^s|R|\prod_{i=1}^{s}\left(1-\frac{1}{|R_i|/m_i}\right)\geqslant|R|$$

因此，式(4-5)不可能成立，结论得证。

4.3 小　　结

本章主要介绍了图能量的定义，刻画了一类定义在有限交换环的单位 1-匹配双凯莱图的能量，并刻画出哪些定义在有限交换环的单位 1-匹配双凯莱图是超能图，同时证明了定义在有限交换环的单位 1-匹配双凯莱图不是亚能图。如果读者想了解更多关于图能量的结论，可参考文献[47]。

第5章 图聚类量化模型与理论

图聚类的前提是如何有效刻画与量化子图的模块结构。本章研究图聚类量化模型与相关理论。①阐述图聚类量化模型的一些关键问题，解释为什么要进行本章的研究；②提出泛化模块密度模型，进一步证明所提出的模型可以在很大程度上容忍模块度等模型；③证明所提出泛化模块密度与谱聚类、矩阵分解等算法在目标函数上的等价性，辅助读者理解所提出模型的理论基础；④为了更好地帮助读者理解图聚类量化模型，简要总结本章知识，并推荐一些拓展阅读资料。

5.1 引　　言

研究人员已经提出了大量的图聚类量化模型，包括图最小割、标准化最大割、最大网络流、密度等方法。这些方法都是从拓扑结构出发，聚焦图聚类族中“内紧外松”的标准，缺点在于拓扑结构容易受噪声的干扰。为了解决该问题，Newman 等提出了模块度(Modularity)的概念，其主要思想是通过对照真实观测网络与随机网络拓扑结构，量化真实与随机网络的子图连通性。研究人员已经提出了许多社团结构量化标准[50-54]，代表性标准包括模块密度、图割、标准化图割等。同时，研究人员也提出了众多社团检测算法并取得了优异的性能，如矩阵分解算法、谱聚类算法和核优化算法等。但是目前尚无文献研究以下问题：

(1)这些度量标准之间有什么关系？
(2)为什么一些经典的算法可以用于社团的检测？
(3)这些度量标准和社团检测之间有什么关联？

本章通过研究社团结构度量标准和经典算法之间的关系来回答上述问题。

(1) 通过对网络中的节点进行赋权重，提出了一种泛化的模块密度。该测度包含了模块密度 D[51]、弱模块度Q_{weak}、强模块度Q_{strong}[52]，为社团结构的研究提出了一种新的泛化测度标准。

(2)严格证明了优化模块密度函数与优化经典算法目标函数是等价的。该等价性有两大优势：第一，为完善复杂网络社团结构检测算法提供一定的理论；第二，为基于经典算法之间的杂交算法提供了一定的理论依据。相对于这些独立算法而言，混合算法更能跳出局部最优解。

本章 5.2 节提出泛化的模块密度模型，分析该模型在容忍分辨极限方面的性能；

5.3节证明该模型与加权核 K -均值、非负矩阵分解、谱聚类算法的等价性。

5.2 泛化模块密度模型

5.2.1 模型的提出

常规的模块密度函数 D 仅考虑无权网络。实际上，网络的各个节点所扮演的角色和对网络特定性能的影响能力不尽相同。例如：在科学家协作网络中学术泰斗更容易成为中枢节点；在计算机网络病毒传播过程中，有效控制中心节点就会有效阻止病毒蔓延。因此，对网络节点进行加权是十分必要的。

给定加权网络 $G=(v, E, w)$，其中 $w=\{w_1, w_2, \cdots, w_n\}$，$w_i$ 表示的是节点 v_i 的权重，假设存在 k 个社团分别表示为 $V_1,\cdots,V_k$[其中 $V_i,(i=1,\cdots,k)$ 表示第 i 个模块]，则模块 V_i 的模块度定义如下：

$$d(V_i)=d_{\text{in}}(V_i)-d_{\text{out}}(V_i) \tag{5-1}$$

式中：$d_{\text{in}}(V_i)$ 是社团 V_i 内度之和，易证该数值为社团内部边数的 2 倍，即 $d_{\text{in}}(V_i)=2|E_i|$；$d_{\text{out}}(V_i)$ 代表一个节点属于社团 C_i 而另外一个节点属于其他社团的边数目。对于社团 V_i，其加权平均模块密度定义如下：

$$d_w(V_i)=\frac{L(V_i,V_i)}{\sum\limits_{v\in V_i w_v}}-\frac{L(V_i,\overline{V_i})}{\sum\limits_{v\in V_i w_v}} \tag{5-2}$$

对于任意社团 V_i，期望 $d_w(V_i)$ 最大化。因此，将泛化模块密度定义为加权平均模块密度之和，称为 M 函数，即

$$M(\{\overset{m}{\underset{c=1}{V_c}}\})=\sum_{c=1}^{m}\left[\frac{L(V_c,V_c)}{\sum\limits_{v\in V_c w_v}}-\frac{L(V_c,\overline{V_c})}{\sum\limits_{v\in V_c w_v}}\right] \tag{5-3}$$

式中：V_i 是相应的模块划分。

从式(5-3)可得：当 $w_i=1(i=1,2,\cdots,|V|)$ 时，$M=D$；当 $w_i=d_i(i=1,2,\cdots,|V|)$ 时，Q_{weak} 与 Q_{strong}[52] 皆为约束受限的 M 函数。

利用泛化测度函数 M 检测社团时，期望每个社团 V_i 尽可能内紧外松，即内部节点交互紧密，而与社团外部节点交互相对松散。加权平均模块密度利用线性组合平衡内部紧密性与外部松弛性关系，即最大化下述函数

$$\max d_w(V_i)=\max\frac{L(V_i,V_i)}{\sum\limits_{v\in V_i}w_v}-\frac{L(V_i,\overline{V_i})}{\sum\limits_{v\in V_i}w_v} \tag{5-4}$$

理想情况下，当且仅当所有社团的加权模块密度都取得最大值时，M 才能取得最大值。即

$$\max M(\{\overset{m}{\underset{c=1}{V_c}}\})=\sum_{i=1}^{m}\max d_{\text{in}}(V_i) \tag{5-5}$$

式(5-5)成立的前提是各社团相互独立，实际各社团相互作用。因此，对式(5-5)进

行松弛，即

$$\max M(\{V_c\}_{c=1}^{m}) = \max\sum_{i=1}^{m} d_{\text{in}}(V_i) \tag{5-6}$$

式(5-6)表明社团结构检测可转化成泛化加权模块密度最大化问题。

注：与模块度、模块密度函数一致，M 函数取得最大值 $M_{\max}$ 当且仅当网络只有一个社团，即网络没有被划分。实际上，在优化这些函数时，都是取得非平凡的局部最优解。

5.2.2 分辨极限容忍性分析

为了验证该泛化指标在容忍分辨极限方面的有效性，利用文献[65]的三个示例网络来分析 M 函数的有效性。对于网络节点加权函数 $w_i = f(d_i)$，其中 d_i 是节点 v_i 的度，f 为非负单调递增函数。

团结构：给定一个由 n 个节点所组成的团 k_n，其边数为 $n(n-1)/2$，最大化 M 函数不会将团划分成两个或更多的社团。

利用矛盾法来证明该结论。假设网络 G 被划分成两块 $\{V_c\}_{c=1}^{2}$，M_0 代表全团 K_n 所对应的泛化值，而 M_1 为划分之后所对应的值。不失一般性地，设 $|V_1| = n_1$，$|V_2| = n_2$，可得

$$M_0 = \frac{n-1}{f(n-1)} \tag{5-7}$$

$$\begin{aligned} M_1 &= \frac{n_1(n_1-1)-n_1 n_2}{n_1 f(n_1-1)} + \frac{n_2(n_2-1)-n_1 n_2}{n_1 f(n_1-1)} \\ &= \frac{-2}{f(n-1)} \end{aligned} \tag{5-8}$$

由于 f 的非负性，$M_1 < M_0$ 恒成立，因此，上述结论恒成立。

同规格团链结构：同规格团链结构是由 m 个规模为 n 的团形成的链式结构，如图 5-1(a) 所示。直观上，每个团应该形成一个独立的社团，而模块度函数会将相邻接的两个团合并成一个社团以获取更高的模块度值。下述证明将说明优化泛化的模块密度指标不会合并团结构。

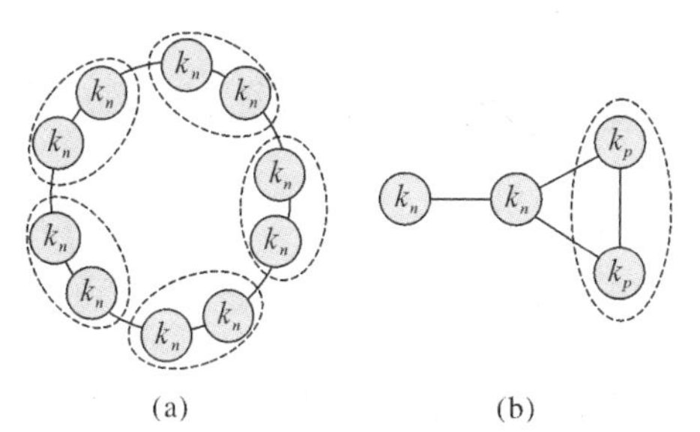

图 5-1 分辨极限示例图(引自文献[65])

一方面，m 个 K_n 社团结构所对应的 M_0 值为

$$M_0 = m\frac{n(n-1)-2}{(n-2)f(n-1)+2f(n)} \tag{5-9}$$

另一方面，相邻接的两个团合并所对应的划分其 M_1 值为

$$M_1 = \frac{m}{2}\frac{2n(n-1)}{(2n-4)f(n-1)+4f(n)} \tag{5-10}$$

不失一般性地，假设 m 为偶数值，则

$$M_0 - M_1 = \frac{m}{2}\frac{n^2-n-4}{(n-2)f(n-1)+2f(n)} \tag{5-11}$$

易证当 $n \geqslant 3$ 时，$M_0 > M_1$ 成立。实际上，当 $n=2$ 时，社团为一条边，不足以形成一个社团。因此，上述结论恒成立。

异规格团链结构：给定由 4 个团组成的网络[见图 5-1(b)]，其中两个规模为 n，另外两个为 p，不失一般性地，假设 $3 \leqslant p \leqslant n$。根据分辨极限分析可知，模块度优化算法不能识别出小规模社团。下面证明优化泛化的模块密度函数可以避免该问题。

M_0 为 4 个团所对应的划分值，而 M_1 为 2 个小团合并成的一个大团，另外 2 个大团所对应的划分值，得

$$M_0 = \frac{n(n-1)-1}{(n-1)f(n-1)+f(n)} + \frac{n(n-1)-3}{(n-3)f(n-1)+3f(n)} + 2\frac{p(p-1)-3}{(p-2)f(p-1)+2p} \tag{5-12}$$

$$M_1 = \frac{n(n-1)-1}{(n-1)f(n-1)+f(n)} + \frac{n(n-1)-3}{(n-3)f(n-1)+3f(n)} + \frac{2p(p-1)}{(2p-4)f(p-1)+4p} \tag{5-13}$$

则

$$M_0 - M_1 = \frac{p^2-p-4}{(p-2)f(p-1)+2p} \tag{5-14}$$

当 $p \geqslant 3$ 时，$M_0 - M_1 > 0$ 成立。实际上，$p=2$ 表明该团为一条边，不足以形成一个社团。因此，最大化泛化模块密度能发现小规模社团。

上述分析表明，在合适的选取网络节点加权策略条件下，泛化模块密度函数可在很大程度上容忍分辨极限问题。下面研究泛化模块密度与经典算法之间的关系。

5.3 等价性理论证明

本节推导 M 函数与加权核 K -均值算法、对称非负矩阵分解算法、谱聚类算法之间的等价性。先将 M 函数转化为迹优化问题，然后证明它们之间的等价性。

5.3.1 泛化模块密度的优化形式

假设 $\boldsymbol{x}_c = [x_c(1), x_c(2), \cdots, x_c(|V|)]^{\mathrm{T}}$ 为第 c 个社团的指示向量，其中

$$x_c(i) = \begin{cases} 1, & v_i \in V_c \\ 0, & v_i \notin V_c \end{cases} \tag{5-15}$$

可验证，对于一个节点的硬划分所对应的指示向量是正交的，即

$$x_i^{\mathrm{T}}x_j=\begin{cases}|V_i|, & i\neq j\\ 0, & i=j\end{cases} \tag{5-16}$$

构建两个对角矩阵 $\boldsymbol{W}=\mathrm{diag}(w_1,w_2,\cdots,w_{|V|})$,$\overline{\boldsymbol{D}}=\mathrm{diag}(d_1,d_2,\cdots,d_{|V|})$,分别称 $\boldsymbol{W}$,$\overline{\boldsymbol{D}}$ 为节点权重对角矩阵与度对角矩阵,可得

$$\begin{aligned}M(\{V_c\}_{c=1}^m)&=\sum_{c=1}^m\frac{L(V_c,V_c)-L(V_c,\overline{V_c})}{w(V_c)}\\&=\sum_{c=1}^m\frac{2L(V_c,V_c)-L(V_c,V)}{w(V_c)}\\&=\sum_{c=1}^m\frac{\boldsymbol{x}_c^{\mathrm{T}}(2\boldsymbol{A}-\overline{\boldsymbol{D}})\boldsymbol{x}_c}{x_c^T\boldsymbol{W}\boldsymbol{x}_c}\\&=\sum_{c=1}^m\widetilde{\boldsymbol{x}_c^{\mathrm{T}}}(2\boldsymbol{A}-\overline{\boldsymbol{D}})\widetilde{\boldsymbol{x}_c}\end{aligned} \tag{5-17}$$

式中:$\widetilde{\boldsymbol{x}_c}=\boldsymbol{x}_c/(\boldsymbol{x}_c^{\mathrm{T}}\boldsymbol{W}\boldsymbol{x}_c)^{1/2}$。

将上式转化成迹优化问题,可得

$$\max M(\{V_c\}_{c=1}^m)=\max_{\widetilde{\boldsymbol{X}}}\mathrm{trace}(\widetilde{\boldsymbol{X}}^{\mathrm{T}}(2\boldsymbol{A}-\overline{\boldsymbol{D}})\widetilde{\boldsymbol{X}}) \tag{5-18}$$

式中:$\widetilde{\boldsymbol{X}}$是由列向量$\widetilde{\boldsymbol{x}_c}(1\leqslant c\leqslant m)$构成的矩阵,$\widetilde{\boldsymbol{X}}=[\widetilde{x_1},\widetilde{x_2},\cdots,\widetilde{x_m}]$。

令 $\boldsymbol{Z}=\boldsymbol{W}^{1/2}\widetilde{\boldsymbol{X}}$,易验证矩阵 $\boldsymbol{Z}$ 是列正交矩阵,即$\boldsymbol{Z}^{\mathrm{T}}\boldsymbol{Z}=\boldsymbol{I}_m$($\boldsymbol{I}_m$ 表示维数为$m\times m$的单位矩阵)。因此,优化 M 函数可重构成最大迹优化形式:

$$\max M(\{V_c\}_{c=1}^m)=\max_{\boldsymbol{Z}^{\mathrm{T}}\boldsymbol{Z}=\boldsymbol{I}_m}\mathrm{trace}[\boldsymbol{Z}^{\mathrm{T}}\boldsymbol{W}^{-1/2}(2\boldsymbol{A}-\overline{\boldsymbol{D}})\boldsymbol{W}^{-1/2}\boldsymbol{Z}] \tag{5-19}$$

5.3.2 泛化模块密度与加权核 K-均值

文献[51] 证明了优化模块密度 D 函数与核 K-均值算法是等价的。本节证明泛化的模块密度函数与加权核 K-均值算法也存在等价关系。

加权核 K-均值算法是核 K-均值算法,其目标函数为[55-56]

$$F(\{V_c\}_{c=1}^m)=\sum_{c=1}^m\sum_{v_i\in V_c}w_i\|\phi(v_i)-m_c\|^2 \tag{5-20}$$

式中:m_c是第 c 个类的中心,即 $m_c=\dfrac{\sum_{v_i\in V_c}\phi(v_i)}{\sum_{v_i\in V_c}w_i}$;$\phi(v_i)$是一个抽象核函数将节点 v_i映射到更高维的空间。通常来说,在原空间线性不可分样本在高维空间线性可分,或者类间的可分性会更好一些。

式(5-20)中的二次方距离 $\|\phi(v_i)-m_c\|^2$ 可展开如下:

$$\phi(v_i)\phi(v_i)-\frac{2\sum_{v_j\in V_c}\phi(v_i)\phi(v_j)}{\sum_{v_j\in V_c}w_i}+\frac{\sum_{v_j,v_l\in V_c}\phi(v_j)\phi(v_l)}{\left(\sum_{v_j\in V_c}w_j\right)^2} \tag{5-21}$$

给定核矩阵 $\boldsymbol{K}$,其元素为 $K_{ij}=\phi(v_i)\phi(v_j)$,式(5-21)可表示为

$$K_{ii}-\frac{2\sum_{v_j\in V_c K_{ij}}}{\sum_{v_j\in V_c} w_i}+\frac{\sum_{v_j,v_l\in V_c} K_{jl}}{\left(\sum_{v_j\in V_c} w_j\right)^2} \tag{5-22}$$

文献[56] 证明了加权 K -均值算法目标函数可转化为

$$F(\{V_c\}_{c=1}^m)=\operatorname{trace}(\boldsymbol{W}^{1/2}\boldsymbol{\Phi}^{\mathrm{T}}\boldsymbol{\Phi}\boldsymbol{W}^{1/2})\operatorname{trace}(Y^{\mathrm{T}}\boldsymbol{W}^{1/2}\boldsymbol{\Phi}^{\mathrm{T}}\boldsymbol{\Phi}\boldsymbol{W}^{1/2}\boldsymbol{Y}) \tag{5-23}$$

式中：$\boldsymbol{\Phi}=[\varphi(v_1),\varphi(v_2),\cdots,\varphi(v_n)]$为由列向量组成的矩阵；$\boldsymbol{Y}$ 是由指示向量组成得矩阵，即 $\boldsymbol{Y}=[y_1,y_2,\cdots,y_m]$。易得矩阵 $\boldsymbol{Y}$ 是列正交矩阵，即$\boldsymbol{Y}^{\mathrm{T}}\boldsymbol{Y}=\boldsymbol{I}_m$，其矩阵元素为如下：

$$y_c(i)=\begin{cases}\dfrac{(w_i)^{1/2}}{\left(\sum_{v_j\in V_c} w_j\right)^{1/2}}, & v_i\in V_c\\ 0, & v_i\notin V_c\end{cases}$$

从式(5－23) 可知，第一项为常数。因此，最小化 $F(\{V_c\}_{c=1}^m)$ 只需最大化 $\operatorname{trace}(\boldsymbol{Y}^{\mathrm{T}}\boldsymbol{W}^{1/2}\boldsymbol{\Phi}^{\mathrm{T}}\boldsymbol{\Phi}\boldsymbol{W}^{1/2}\boldsymbol{Y})$。而且可以验证 $\boldsymbol{Y}=\widetilde{\boldsymbol{X}}$成立。故可得如下表达式：

$$\min F(\{V_c\}_{c=1}^m)\propto\max_{\boldsymbol{Z}^{\mathrm{T}}\boldsymbol{Z}=\boldsymbol{I}_m}\operatorname{trace}(\boldsymbol{Z}^{\mathrm{T}}\boldsymbol{W}^{-1/2}\boldsymbol{K}\boldsymbol{W}^{-12}\boldsymbol{Z}) \tag{5-24}$$

式中：$\boldsymbol{K}=\boldsymbol{\Phi}^{\mathrm{T}}\boldsymbol{\Phi}$ 是核函数矩阵。

由式(5－18)、式(5－24) 可得，当$\boldsymbol{K}=2\boldsymbol{A}-\overline{\boldsymbol{D}}$时，最大化泛化的模块密度函数与最小化加权核 K -均值算法的目标函数是等价的，即

$$\max M(\{V_c\}_{c=1}^m)\propto\max F(\{V_c\}_{c=1}^m) \tag{5-25}$$

但核优化算法收敛的前提是核矩阵 $\boldsymbol{K}$ 是半正定的。在式(5－25) 中，所选择的核矩阵 $2\boldsymbol{A}-\overline{\boldsymbol{D}}$ 不满足半正定性条件。因此，需要对所选择的核矩阵添加一个扰动因子。本节所采纳的策略为 $\boldsymbol{K}=\sigma\boldsymbol{I}+2\boldsymbol{A}-\overline{\boldsymbol{D}}$，其中 σ 是一个足够大的常数。因为

$$\operatorname{trace}[\boldsymbol{Z}^{\mathrm{T}}\boldsymbol{W}^{-1/2}(\sigma\boldsymbol{I}+2\boldsymbol{A}-\overline{\boldsymbol{D}})\boldsymbol{W}^{-1/2}\boldsymbol{Z}]=m\sigma+\operatorname{trace}[\boldsymbol{Z}^{\mathrm{T}}\boldsymbol{W}^{-1/2}(2\boldsymbol{A}-\overline{\boldsymbol{D}})\boldsymbol{W}^{-1/2}\boldsymbol{Z}] \tag{5-26}$$

所以该因子不影响式(5－25) 的等价关系。

将其总结成如下定理：

定理 5.1 泛化的模块密度与加权核 K -均值算法是等价的。

5.3.3 泛化模块密度与非负矩阵分解等价性

为了进一步拓展非负矩阵分解算法的应用，研究人员提出了拓展非负矩阵分解以满足不同领域的需求，如对称非负矩阵分解模型[57]、半监督正交非负矩阵分解模型[58]、三因子非负矩阵分解模型[59]、正交三因子非负矩阵分解模型[60]、过滤非负矩阵分解模型[58]、多层非负矩阵分解模型[9,61-62]等。本节只考虑对称非负矩阵分解模型，可描述为

$$\boldsymbol{F}\approx\boldsymbol{R}\boldsymbol{R}^{\mathrm{T}},\quad \boldsymbol{R}\geqslant\boldsymbol{0} \tag{5-27}$$

由式(5－19)，可得

$$m\sigma+\max M=\max_{\boldsymbol{Z}\geqslant\boldsymbol{0},\boldsymbol{Z}^{\mathrm{T}}\boldsymbol{Z}=\boldsymbol{I}_m}\operatorname{trace}(\boldsymbol{Z}^{\mathrm{T}}\boldsymbol{K}\boldsymbol{Z}) \tag{5-28}$$

式中：$\boldsymbol{K}=\boldsymbol{W}^{-1/2}(\sigma\boldsymbol{I}+2\boldsymbol{A}-\boldsymbol{D})\boldsymbol{W}^{-1/2}$，$\sigma$ 是为了确保$\boldsymbol{K}$ 的半正定性所设置的一个足够大实常数。要证明等价性，只需要证明式(5－28) 右边的表达式可以用对称非负矩阵分解来

求解。

$$\boldsymbol{K} \approx \boldsymbol{Z}\boldsymbol{Z}^{\mathrm{T}}, \quad \boldsymbol{Z} \geqslant \boldsymbol{0} \tag{5-29}$$

类似地，通过将式(5-19)与式(5-29)转化为优化形式，对称非负矩阵分解模型的目标函数即为目标矩阵与分解因子积矩阵差的范数。

$$\min_{\boldsymbol{Z}\geqslant \boldsymbol{0}} \left| \boldsymbol{K} - \boldsymbol{Z}\boldsymbol{Z}^{T} \right|^{2} \tag{5-30}$$

式中：$\|\boldsymbol{B}\|$ 为矩阵 $\boldsymbol{B}$ 的二范数。同时，式(5-28)右边表达式可以重构成

$$\begin{aligned}\max_{\boldsymbol{Z}\geqslant \boldsymbol{0}, \boldsymbol{Z}^{\mathrm{T}}\boldsymbol{Z}=\boldsymbol{I}_m} \operatorname{trace}(\boldsymbol{Z}^{\mathrm{T}}\boldsymbol{K}\boldsymbol{Z}) &\propto - \min_{\boldsymbol{Z}\geqslant \boldsymbol{0}, \boldsymbol{Z}^{\mathrm{T}}\boldsymbol{Z}=\boldsymbol{I}_m} \operatorname{trace}(\boldsymbol{Z}^{\mathrm{T}}\boldsymbol{K}\boldsymbol{Z}) \\ &\propto \min_{\boldsymbol{Z}\geqslant \boldsymbol{0}, \boldsymbol{Z}^{\mathrm{T}}\boldsymbol{Z}=\boldsymbol{I}_m} |\boldsymbol{K}|^{2} - 2\operatorname{trace}(\boldsymbol{Z}^{\mathrm{T}}\boldsymbol{K}\boldsymbol{Z}) + |\boldsymbol{Z}^{\mathrm{T}}\boldsymbol{Z}^{2}| \\ &= \min_{\boldsymbol{Z}\geqslant \boldsymbol{0}, \boldsymbol{Z}^{\mathrm{T}}\boldsymbol{Z}=\boldsymbol{I}_m} \|\boldsymbol{K} - \boldsymbol{Z}\boldsymbol{Z}^{T}\|^{2}\end{aligned} \tag{5-31}$$

松弛正交性约束 $\boldsymbol{Z}^{\mathrm{T}}\boldsymbol{Z} = \boldsymbol{I}_m$，可得对称非负矩阵分解与 M 函数的等价性，即

$$\max M \propto \min_{\boldsymbol{Z}\geqslant \boldsymbol{0}} \|\boldsymbol{K} - \boldsymbol{Z}\boldsymbol{Z}^{\mathrm{T}}\|^{2} \tag{5-32}$$

将上述结果总结成如下定理：

定理 5.2 泛化的模块密度与对称非负矩阵分解是等价的。

5.3.4 泛化模块密度与谱聚类

聚类的目标函数层出不穷，如比率相关[63]、比率切割[64]、标准化切割[55]等。Dillion等[65]泛化了比例切割问题，同时亦证明了泛化的比率切割与加权 K-均值算法的等价性。本节探索加权图比率切割与泛化的模块密度之间的等价性。

将加权的比率相关问题转化为迹最大化形式，有

$$\begin{aligned}\mathrm{WAssoc}(\{V_c\}_{c=1}^{m}) &= \sum_{c=1}^{m} \frac{L(V_c, V_c)}{w(V_c)} \\ &= \sum_{c=1}^{m} \frac{\boldsymbol{X}_c^{\mathrm{T}}\boldsymbol{A}\boldsymbol{X}_c}{\boldsymbol{x}_c^{\mathrm{T}}\boldsymbol{W}\boldsymbol{X}_c} \\ &= \sum_{c=1}^{m} \widetilde{\boldsymbol{x}_c}^{\mathrm{T}}\boldsymbol{A}\,\widetilde{\boldsymbol{x}_c}\end{aligned} \tag{5-33}$$

式中：$\widetilde{\boldsymbol{x}_c} = \boldsymbol{x}_c\,(\boldsymbol{x}_c^{\mathrm{T}}\boldsymbol{W}\boldsymbol{x}_c)^{1/2}$。将上式转化为迹优化问题，有

$$\max \mathrm{WAssoc}(\{V_c\}_{c=1}^{m}) = \max_{\widetilde{\boldsymbol{X}}} \operatorname{trace}(\widetilde{\boldsymbol{X}}^{\mathrm{T}}\boldsymbol{A}\widetilde{\boldsymbol{X}}) \tag{5-34}$$

式中：$\widetilde{\boldsymbol{X}}$是由向量$\widetilde{\boldsymbol{X}_c}$为列的矩阵。因此，当$\boldsymbol{W} = \boldsymbol{I}$时，基于矩阵 $\boldsymbol{A}$ 优化 WAssoc 与基于 $2\boldsymbol{A} - \overline{\boldsymbol{D}}$ 优化 M 是等价的。

类似的分析应用于加权的切割问题，可得

$$\max \mathrm{WCut}(\{V_c\}_{c=1}^{m}) = \min_{\widetilde{\boldsymbol{X}}} \operatorname{trace}(\widetilde{\boldsymbol{X}}^{\mathrm{T}}(\overline{\boldsymbol{D}} - \boldsymbol{A})\widetilde{\boldsymbol{X}}) \tag{5-35}$$

同理，当 $\boldsymbol{W} = \boldsymbol{I}$ 时，基于矩阵 $\overline{\boldsymbol{D}} - \boldsymbol{A}$ 优化 WAssoc 与基于矩阵 $2\boldsymbol{A} - \overline{\boldsymbol{D}}$ 优化模块密度函数 M 是等价性的。

同样，将上述结果总结成如下定理：

定理 5.3 泛化的模块密度与比率相关/切割是等价的。

5.4 小 结

本章研究了复杂网络社团结构量化标准与核 K -均值、非负矩阵分解、谱聚类算法的目标函数之间的关系。先基于节点加权策略提出了一种泛化的模块密度，该测度包含模块密度、强模块度、弱模块度；再进一步分析了该指标的分辨极限容忍性能，结果表明适当的加权策略可以在很大程度上容忍分辨极限；进而严格证明了优化模块密度函数与核 K -均值、谱聚类、非负矩阵分解算法的目标函数是等价的。该结论可带来两大优势：一为设计混合算法提供的理论依据；二为理解复杂网络社团挖掘提供新的视角。

5.5 拓展阅读

后续研究如下：

(1) 到目前为止，对社团结构尚无统一的评价标准。等价性关系表明经典算法的目标函数与社团结构存在紧密的相关性。因此，融合算法目标函数与社团拓扑结构来评价与提取社团结构将是一个非常有意义的研究方向。

(2)经典算法间的等价性为混合算法提供了理论依据，如何设计出全局性混合算法，并将其应用于其他领域也是非常有意义的工作。

相关文献已经对上述问题进行了一些探讨，如中央财经大学张忠元教授证明了模块度与概率图模型之间的等价性。笔者在前期工作中进一步将单层网络模块度拓展到多层网络，提出了多层网络均衡模块度，并证明了笔者在多层网络聚类算法在目标函数上的等价性。这些研究聚焦图聚类算法的量化模型构建[66-67]。

第6章　半监督非负矩阵分解图聚类算法

图数据的复杂性导致单一的拓扑度量方式不足以全面刻画社团的拓扑结构，为了解决该问题：首先，证明半监督非负矩阵分解算法与模块密度之间的等价关系；其次，提出一种基于半监督策略的非负矩阵分解算法，该方法融合非负矩阵分解与半监督策略，与传统算法对比，该方法可同时利用多种网络拓扑结构相似性，具有更高的准确性与可靠性；最后，通过实验证实所提出算法可提高图聚类的准确性。

6.1　引　　言

在模式识别与机器学习领域，传统的监督学习需要大量的样本数据来训练分类器。但事实上存在样本过少的问题，使得训练后的学习算法在实际应用中不能得到满意的结果。无监督学习试图通过发现无标记数据中的隐含结构来构造分类器，但在处理海量数据时算法的精度很难得到保证。因此，综合利用少量有标记数据和大量无标记数据的半监督学习方法逐渐引起人们的关注并成为新的研究热点[68,70-72,74-75]。

半监督学习思想最早可追溯到20世纪五六十年代[68]。利用有标记数据构造学习机，并对部分无标记数据进行预测，再将无标记数据和对应的预测标记加入训练集中，重新对学习机进行训练以提高学习机的性能。半监督学习可分为半监督分类和半监督聚类[68]：半监督分类利用大量无标记数据扩大分类算法的训练集，弥补标记数据不足的缺点；半监督聚类则是利用少量的标记数据辅助聚类算法的实现，以提高聚类算法的精度。文献[69]表明，当少量标记数据不足以反映完整的聚类结构时，半监督分类方法无法取代半监督聚类算法完成学习任务。半监督聚类方法利用类别标记或约束关系[70-71]来提高准确性。半监督学习方法广泛应用于不同领域，如生物信息学[72]、文本分类[73]、图像处理[74-75]等。

典型的半监督聚类算法包括：①基于模型的方法。该方法假定每个类都隐含一个模型，根据模型去发现相应的数据对象。其优点是可通过构建数据点空间分布的密度函数来确定分类，同时可利用标准统计工具来处理噪声与异常数据，自动确定聚类数。典型算法包括：Geman等[76]提出的开创性工作隐马尔可夫随机场（HiddenMRF，HMRF）；Geman等[77]针对图像分割问题提出的一种基于隐马尔可夫模型的半监督聚类分析方法；Romberg等[78]提出的多小波描述的通用隐马尔可夫模型图像去噪算法，该模型极大地简化了隐马尔可夫模型，但降低了精度。②基于约束的方法。该方法结合了用户指定或面向应用的约束进行聚类。文献[71]对约束条件进行了定义，即两个样本隶属于同类为必连约束(Must-link)，异类为必分约束(Cannot-link)。该方法以约束作为聚类目标的组成部分以达到引导聚类的效果。Amorim[79]提出了一种增强的 K -均值聚类算法。③基于数据集空间结构的方法。该方法与核优化算法有一个共同点——借助于辅助空间，但不同的是该方法并不抛弃原空间信息，通过投影技术将主空间信息映射到辅助空间，在新空间中完成迭代过程。文献[80]提出了一种基于空间条件分布的半监督聚类算法。为了克服不稳定性引发的局部最优解问题，Luo 等[81-82]通过组合主空间和辅助空间结构共同引导聚类过程，引入两个相似性函数分别量化主、辅空间距离。相对于其他方法而言，该方法具有全局性、初始解不敏感性、高效性等特点。此外，半监督聚类算法还包括基于密度的半监督聚类[83]、基于网格的半监督方法[84]、基于判别式的半监督聚类等。

6.2 半监督非负矩阵分解算法

本节提出半监督非负矩阵分解(Semi-Supervised Nonnegative Matrix Factorization，SS－NMF)来挖掘图聚类，主要包括算法框架、半监督信息选择、聚类数确定三个方面。

6.2.1 算法框架

给定网络 $G=(V,E)$，构建节点间的相似性矩阵 $\boldsymbol{K}$，依据相似性与不相似性分别构建必连矩阵 $\boldsymbol{C}_{\mathrm{ML}}$ 和必分矩阵 $\boldsymbol{C}_{\mathrm{CL}}$，其中元素 $(i,j)\in\boldsymbol{C}_{\mathrm{ML}}$ 表示节点 v_i 与节点 v_j 隶属于同类，而 $(i,j)\in\boldsymbol{C}_{\mathrm{CL}}$ 隶属于不同类的约束(6.3 节详述构建方法)。为了融合相似性与半监督成分，定义新相似性矩阵：

$$\overline{\boldsymbol{K}}=\boldsymbol{K}+\alpha\boldsymbol{C}_{\mathrm{ML}}-\beta\boldsymbol{C}_{\mathrm{CL}} \tag{6-1}$$

式中：参数 α、β 分别控制半监督成分的相对权重。当 $\alpha=\beta=0$ 时，为非负矩阵分解算法。监督成分的作用是使得相似节点对更加相似，不相似的节点对更加不相似。通过该操作，图聚类结构更加明显，提高识别的准确性。

算法利用非负矩阵分解算法对相似性矩阵进行分解以获取低秩特征，即

$$\overline{\boldsymbol{K}}\approx\boldsymbol{BF},\quad \text{s. t. } \boldsymbol{B}\geqslant\boldsymbol{0},\ \boldsymbol{F}\geqslant\boldsymbol{0} \tag{6-2}$$

式中：矩阵 $\boldsymbol{B}$ 与 $\boldsymbol{F}$ 是低秩矩阵，分别称为基矩阵与特征矩阵。通常来说，式(6－2)可以通过最小化近似误差，则算法的目标函数可以规约为

$$\min J_{\text{SS-NMF}}=\min||\overline{\boldsymbol{K}}-\boldsymbol{BF}^2,\quad \text{s. t. } \boldsymbol{B}\geqslant\boldsymbol{0},\boldsymbol{F}\geqslant\boldsymbol{0} \tag{6-3}$$

式(6－3)利用两个低秩矩阵来近似相似矩阵 $\overline{\boldsymbol{K}}$，但是直接采用非负矩阵分解算法存在两方面的问题：①忽略了相似矩阵 $\overline{\boldsymbol{K}}$ 的对称性；②带来计算的复杂性。采用对称非负矩阵分解来近似矩阵 $\overline{\boldsymbol{K}}$，即 $\boldsymbol{H}=\boldsymbol{B}=\boldsymbol{F}^{\mathrm{T}}$，则式(6－2)转化为

$$\overline{\boldsymbol{K}}\approx\boldsymbol{HH}^{\mathrm{T}},\ \text{s. t. } \boldsymbol{H}\geqslant\boldsymbol{0} \tag{6-4}$$

基于式(6－1)的非负矩阵分解算法称为半监督非负矩阵分解，与社团结构之间的关系如下。

定理 6.1 半监督非负矩阵分解算法与模块密度是等价的。

证明:将相似矩阵 $\overline{\boldsymbol{K}}$ 进行对称、非负矩阵近似,有

$$\overline{\boldsymbol{K}} \approx \boldsymbol{H}\boldsymbol{H}^{\mathrm{T}},\ \boldsymbol{H} \geqslant \boldsymbol{0} \tag{6-5}$$

式(6-5)可转化为优化形式,有

$$J_{\text{SS-NMF}} = \min_{\boldsymbol{H}\geqslant\boldsymbol{0}} \| \overline{\boldsymbol{K}} - \boldsymbol{H}\boldsymbol{H}^{\mathrm{T}} \|^2 \tag{6-6}$$

由定理 5.2,可得

$$\max \boldsymbol{D} \propto \min_{\boldsymbol{H}\geqslant\boldsymbol{0}} \| \overline{\boldsymbol{K}} - \boldsymbol{H}\boldsymbol{H}^{\mathrm{T}} \|^2 \tag{6-7}$$

证毕。

利用梯度迭代方法可求解式(6-5)。先令

$$\frac{\partial \boldsymbol{J}_{\text{SS-NMF}}}{\partial \boldsymbol{H}} = \boldsymbol{0} \tag{6-8}$$

其迭代更新表达式如下:

$$\boldsymbol{H}_{ij} = \boldsymbol{H}_{ij}\left[\frac{(\overline{\boldsymbol{K}}\boldsymbol{H})_{ij}}{(\boldsymbol{H}\boldsymbol{H}^{\mathrm{T}}\boldsymbol{H})_{ij}}\right],\quad \forall i,j \in \{1,2,\cdots,|V|\} \tag{6-9}$$

在该条件下随算法的迭代目标函数 $J_{\text{SS-NMF}}$ 是单调递减的。

迭代算法有三个基本问题:构建初始解、算法停止标准、提取社团结构。算法可描述为

算法 6.1 半监督非负矩阵分解算法

输入:

G: 网络,节点集为 V,边集为 E。

$\boldsymbol{C}_{\text{ML}}/\boldsymbol{C}_{\text{CL}}$: 半监督必连/必分矩阵。

m: 分类数。

τ:最大迭代次数。

σ: 算法收敛标准。

α,β:半监督权重。

输出:

$\{V_i\}_{i=1}^{m}$:节点集 V 的硬划分。

步骤:

1. 根据式(6-1)构建相似矩阵。
2. 初始解 $\boldsymbol{H}^0$ 为随机矩阵,其元素 H_{ij}^0 服从标准正态分布。若 $H_{ij}^0<0$,令 H_{ij}^0取绝对值。
3. 根据式(6-6)更新矩阵 $\boldsymbol{H}$。
4. 判断算法是否收敛,即 $J_{\text{SS-NMF}} \leqslant \sigma$,若收敛,则跳转步骤 6,否则,跳转下一步。
5. 判断是否达到最大迭代次数;若是,跳转下一步,否则跳转步骤 2。
6. 对于任意的节点 v_i, $\forall i=1,2,3,\cdots$,构建指示向量 $\boldsymbol{l}^* = \arg\max\limits_{1\leqslant l\leqslant m} H_{il}$。若该行向量中同时存在两个或者多个最大元素,随机选择这些列中的一个。
7. 返回:$\{V_i\}_{i=1}^{m}$。

6.2.2 半监督信息选择

如何选取合适的半监督信息直接关系到算法的性能。给定相似矩阵 $\boldsymbol{K}=\{K_{ij}\}$ 与阈值 $\hbar=\max\limits_{K_{ij}\in K}K_{ij}$，必连矩阵 $\boldsymbol{C}_{\mathrm{ML}}=\{C_{ij}\}$ 定义为 $C_{ij}=e^{K_{ij}-\hbar}$。则 $K_{ij}\geqslant\hbar$，否则为 0。易见当且仅当 $K_{ij}=\max\limits_{K_{ij}\in K}K_{ij}$ 时，$C_{ij}=1$ 。类似地可构建必分矩阵 $\boldsymbol{C}_{\mathrm{CL}}$。随着图论的深入研究，可构建许多与拓扑结构相关的相似性测度[85-87]。本节采用核散播特征矩阵[85]构建矩阵 $\boldsymbol{K}$；采用最短路径[86]构建矩阵 $\boldsymbol{C}_{\mathrm{CL}}$；采用邻接矩阵[87]构建矩阵 $\boldsymbol{C}_{\mathrm{ML}}$。

注：SS-NMF 的初始解随机产生，会引发结果的不稳定性。本节采用多次运行取最优值的策略，即运行 50 次选取最大模块密度函数值所对应的划分结果。

6.2.3 聚类数确定

确定聚类数问题是聚类分析研究中的基础性难题之一。目前有两种确定聚类数的方法：枚举法与拓扑结构性质方法。枚举法的原理是通过使用不同的输入参数（如聚类数 m）运行特定的聚类算法，计算每个指定聚类数下的有效性指标，选取指标值最大/最小所对应的分类数为最佳的聚类数。该策略的最大优点在于其将一个参数估计问题成功转化为一个无参数优化问题。其最大的缺点在于如何构建合理的指标函数。拓扑结构性质方法的原理是利用网络相关矩阵（邻接矩阵、拉普拉斯矩阵等）的谱判断最优分类数。

本节采用枚举法来提取最佳分类数。初始分类数策略：给定网络 $G=(V,E)$ 与阈值 σ，定义节点相似性矩阵 $\boldsymbol{K}=(K_{ij})$。构建初始分类数 m：首先，找到最不相似的节点对，即 $C_m=\{(v_i,v_j)\mid\max_{K_{ij}\in K}\}$，任意节点 $v_p\in V\backslash v_i,v_j$，若其满足对 $v_i\in C_m$ 恒有 $K_{pi}\leqslant\sigma$，则将该节点添加到集合 C_m，继续该过程直到 C_m 的势不再增加。初始分类数定义为 $m=|C_m|$，其假设在于最不相似的节点必然分布在异族中。为了搜索最佳分类数，SS－NMF 采用枚举法。在搜索过程中，为了避免分辨极限问题，采用模块密度函数[51]作为社团结构的评价标准。

需要指出的是，尽管 SS－NMF 算法是基于非负矩阵分解的方法，但与已有的类似方法对比，该方法有两点创新。

(1) 前期基于非负矩阵分解的算法单纯应用矩阵分解算法，没有回答为什么非负矩阵分解可以应用于社团结构检测。SS－NMF 基于模块密度与对称非负矩阵分解算法的等价性，该等价性从理论上回答了这一问题。

(2) 其他社团结构检测算法只能利用一种拓扑结构相似性，而 SS－NMF 算法可同时利用多种拓扑结构相似性，从多尺度相似性来刻画社团结构。通常来说，一种相似性无法有效刻画网络社团结构。因此，所提出的方法可以更加准确地预测社团结构。

6.3 实验结果

实验从预测准确性和分辨极限容忍性能两方面进行验证。

6.3.1 检测性能

1. GN标准测试集

GN标准测试集[50]是Girvan与Newman提出的，有128个节点，由4个规模为32个节点的社团组成，每个节点的度为16。为了有效控制社团结构的变化，引入两个参数Z_{in}，Z_{out}分别表示每个节点与社团内部边数和与社团外部边数，即$Z_{in}+Z_{out}=16$。显然，随着参数Z_{out}的渐增，社团内部的边数越来越少，而社团间的边数越来越多，导致社团结构越来越模糊，增加了社团结构检测的难度。

选择GN算法[50]、谱聚类[88]、NMF[89]进行性能对比。图6-1是算法在GN标准测试网络上的性能对比，横坐标表示Z_{out}的值，纵坐标表示准确率。从图中可看出，当$Z_{out}\leqslant 8$时，NMF、谱算法和SS-NMF性能优。GN算法效果最差，其原因是边介数不足以刻画社团的网络拓扑结构。当$Z_{out}\geqslant 9$时，SS-NMF算法明显优于NMF算法，其主要原因是所采用的半监督策略可更好地刻画网络拓扑结构。

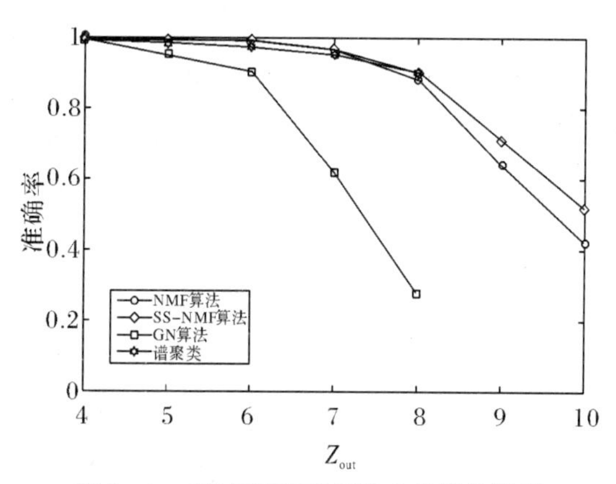

图6-1 GN标准测试网络上的算法性能

GN网络的高度对称性不能全面衡量算法的性能，文献[91]对GN测试网络进行相应的扰动：对称性合并社团——将原来4个社团合并成两个等同规模的社团；非对称合并社团——将3个社团合并为一个大社团。为了进一步检验SS-NMF算法的性能，将该算法应用于改进的GN网络。表6-1包含了SS-NMF算法、Rosvall算法、Q-优化算法、D-优化算法在非对称GN网络中的性能对照结果。从表中可看出，D-优化算法性能最好，Q-优化算法效果最差。SS-NMF拥有与D-优化算法相近的性能。

表 6－1　非对称 GN 网络上的算法性能

	Z_{out}	压缩	Q	D	SS－NMF
对称	6	0.99(0.01)	0.99(0.01)	0.99(0.01)	0.99(0.01)
	7	0.97(0.01)	0.97(0.02)	0.97(0.02)	0.97(0.02)
	8	0.87(0.08)	0.89(0.05)	0.91(0.03)	0.90(0.04)
节点非对称	6	0.99(0.01)	0.85(0.04)	0.99(0.01)	0.97(0.01)
	7	0.96(0.04)	0.80(0.03)	0.98(0.02)	0.93(0.02)
	8	0.82(0.10)	0.74(0.04)	0.94(0.03)	0.89(0.05)
节点对称	2	1.00(0.00)	1.00(0.01)	1.00(0.00)	1.00(0.00)
	3	1.00(0.00)	0.96(0.03)	1.00(0.00)	0.99(0.01)
	4	1.00(0.01)	0.74(0.10)	0.99(0.01)	0.96(0.03)

注：括号内的数字表示标准误差。

2. 跆拳道俱乐部网络

跆拳道俱乐部网络是经典的社会网络，来源于跆拳道的分析研究，包含 34 个成员(节点)和 78 对关系(边)。由于管理者和指导教师对费用问题发生了分歧，因此，俱乐部分成分别以管理者和指导教师为中心的两个子俱乐部，如图 6－2(a)所示。

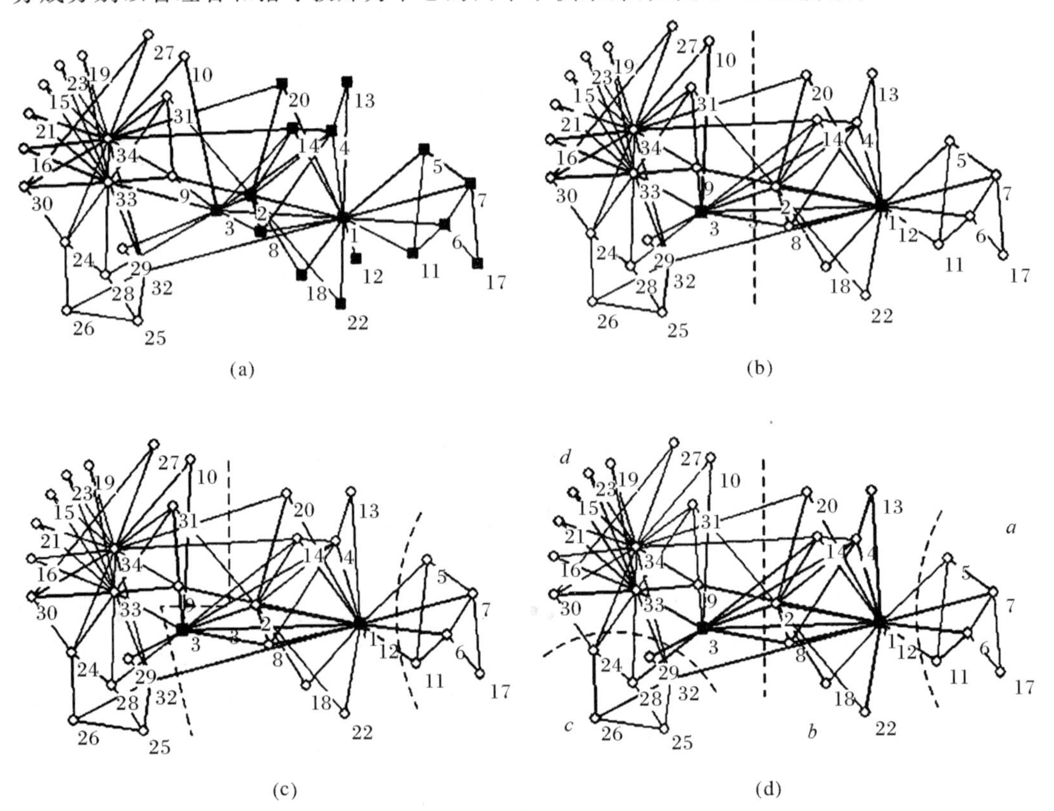

图 6－2　俱乐部网络上的划分结果

(a)跆拳道俱乐部网络(引自文献[50])；(b)NMF 算法；(c) K－均值算法；(d) SS－NMF 算法

由图 6-2 可知,NMF 算法提取两个社团,同时错误划分节点 3;K-均值算法将网络分解成 3 个社团;而 SS-NMF 算法检测到两种划分方式,分别是 2 个社团($a+b,c+d$)和 4 个社团(a,b,c,d),这两种划分从拓扑结构上看来都是合理的。值得一提的是,SS-NMF算法所得到的结果与 D-优化算法[51]的结果一致。对比图 6-2(b)~(d),可发现某些节点,比如说节点 3,容易被错划分,其主要原因在于该节点扮演桥节点角色,更倾向于成为重叠节点。

6.3.2 分辨极限容忍性分析

1. LFR 标准测试集

由于 GN 测试网络的社团规模与节点度保持严格一致,因此无法评价算法对分辨极限的容忍性分析。为解决这一缺陷,Lancichinetti,Fortunato 与 Radicchi (LFR)提出新的 LFR 标准测试集。与 GN 测试网络不同,LFR 可构建规模大小可变社团结构。社团结构规模与节点的度都服从于某个参数的指数分布。LFR 利用一个参数 μ 来控制网络噪声。当 $\mu=1$ 时,所有的边都属于社团内部;随着 μ 的减少,社团之间的边数越来越多,社团结构越来越模糊,增加社团检测的难度。图 6-3 给出了 LFR 标准测试网络示意图。因此,算法能否准确地识别出规模不一致的社团是容忍分辨极限的一项重要指标。

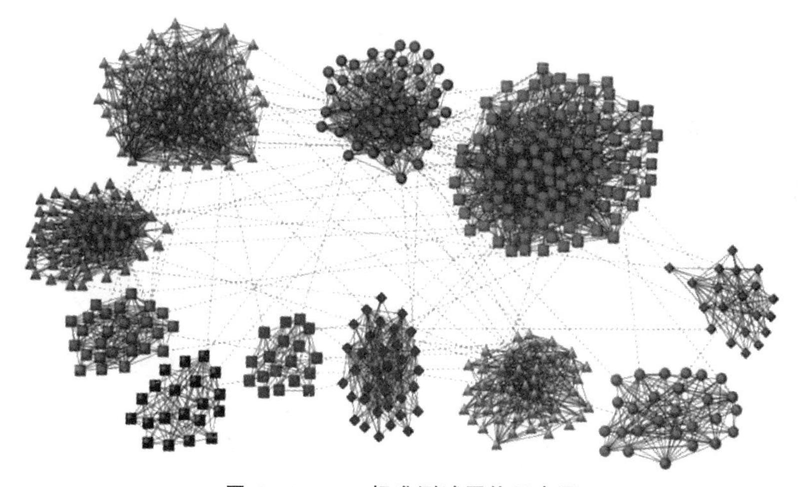

图 6-3 LFR 标准测试网络示意图

对于不同参数 $\mu\in\{0.9,0.8,0.7,0.6,0.5\}$,利用软件构建 50 个 LFR 网络,基本参数设置:节点度服从于参数为 2 的幂律分布;社团规模服从于参数为 1 的幂律分布;网络规模为 1 000;节点平均度为 15;节点最大度为 50;社团规模最大值为 50,最小值为 5。

为了有效地量化算法的准确性,引入标准化互信息指标(Normalized Mutual Information,NMI)[90]。详言之,给定两个关于节点的划分 P 与 P',标准化互信息指标定义如下:

$$\mathrm{NMI}(P,P')=\frac{-2\sum_{i=1}^{|P|}\sum_{j=1}^{|P'|}N_{ij}\ln\frac{N_{ij}\boldsymbol{N}}{N_{i.}N_{.j}}}{\sum_{i=1}^{|P|}N_{i.}\ln\frac{N_{i.}}{\boldsymbol{N}}+\sum_{i=1}^{|P'|}N_{.j}\ln\frac{N_{.j}}{\boldsymbol{N}}} \tag{6-10}$$

式中：$\boldsymbol{N}$ 是一个 $|P|\times|P'|$ 矩阵，其元素 N_{ij} 表示划分 P 中第 i 个社团与划分 P' 中第 j 个社团的公共节点数；$N_{i.}$ 表示矩阵 $\boldsymbol{N}$ 第 i 行元素之和；$N_{.j}$ 表示矩阵 $\boldsymbol{N}$ 第 j 列元素之和。

图 6－4 为 LFR 网络上的算法性能，其横坐标是参数 μ，纵坐标是标准化互信息。从图中可以看出，SS－NMF 算法明显优于谱聚类与 GN 算法。当 $\mu>0.65$ 时，谱聚类算法明显优于 NMF 算法，但当 $\mu<0.65$ 时，其性能急剧下降。可能的原因在于，当 μ 较大时，社团结构十分明显，网络矩阵所对应的谱足够刻画社团结构。随着 μ 的减小，谱就不足够刻画与提取网络的拓扑结构信息。这表明，SS－NMF 算法在提取不同规模的社团结构上有明显的优势。

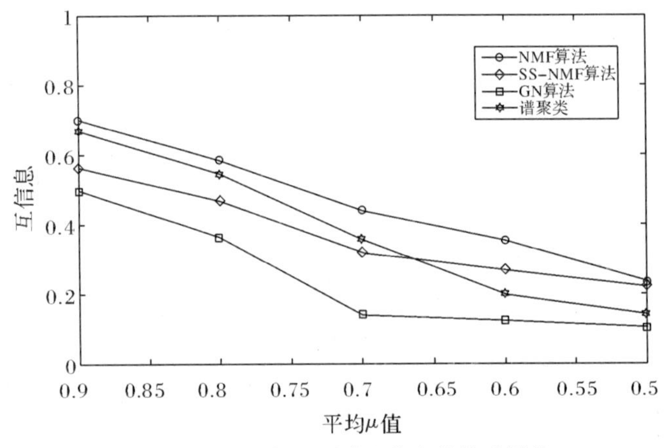

图 6－4　LFR 标准测试网络上的算法性能

除分类的准确性之外，算法所检测社团规模分布也是研究分辨极限的重要指标。图 6－5 是社团规模累积分布率与社团规模之间的关系图，横坐标表示社团规模，纵坐标代表累计分布率。图中花边点表示目标社团规模的累积分布率与社团规模之间的关系。从图 6－5(a)可看出，当$\mu_{\mathrm{avg}}=0.9$ 时，NMF 与 SS－NMF 的社团规模都控制在 50 以下，但是谱聚类算法所挖掘社团的规模超过了 100，同时可知谱算法甚至提取出比目标社团中最小社团更小的社团结构，即谱聚类算法将大规模的社团分解成更小社团，同时合并小规模社团成超大规模社团。SS－NMF 是偏离目标社团规模最小的算法，这充分说明 SS－NMF可在很大程度上容忍分辨极限问题。而 NMF 算法虽然不及 SS－NMF，但远优于谱聚类算法，可能原因如下：一是算法不是模块度驱动函数驱动，算法结果只取决于矩阵分解；二是 SS－NMF 同时采用多种拓扑相似性，可更加有效地从多尺度、多层次刻画社团结构。

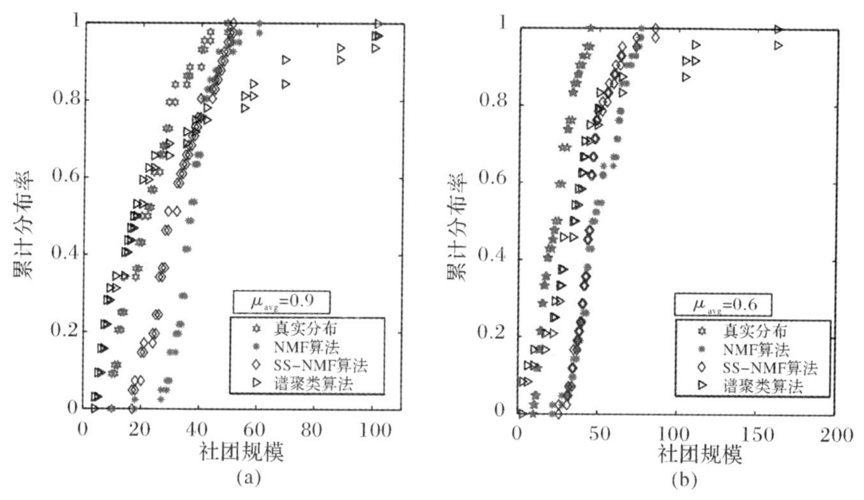

图 6-5 累计分布率对照图(50个实例的平均值)

2. 科学家协作网络

LFR测试网络从人工数据方面对算法的分辨极限问题进行有效分析,该实验从真实网络方面验证SS-NMF。科学家协作网络来源于文献[88],包含1 589个节点、2 742条边。该网络是一个不连通图,因此,本节只对其最大的连通子图进行社团检测。最大连通子图包含396个节点、914条边。

SS-NMF算法提取出28个社团,分类数与模块密度之间的关系包含在图6-6(a)中,可看出SS-NMF在取得28个社团时,模块密度值达到最大。为了更进一步研究分辨极限问题,最大模块密度值所对应的社团规模与结构示意图包含在图6-6(b)中,其中社团的规模与圆的直径成正比,即社团规模越大,所对应圆的直径就越大;社团间连接边的粗细与连接边数成正比,即边数越多,边越粗。由图可看出,SS-NMF能同时发现大规模社团与小规模社团,表明该算法对分辨极限问题有一定的免疫性。

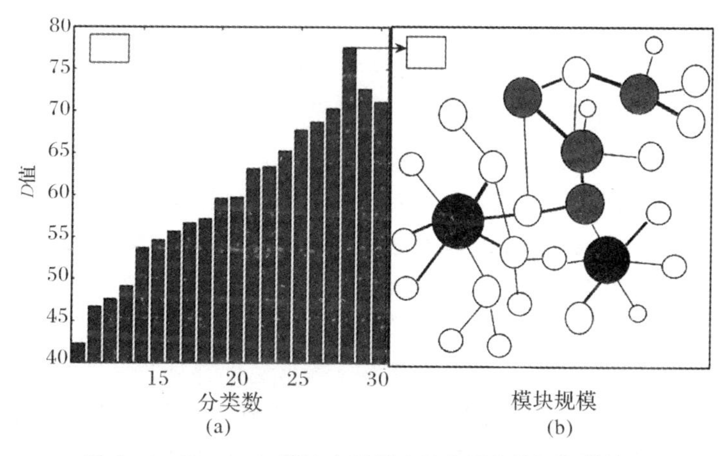

图 6-6 SS-NMF算法在科学家协作网络社团规模情况

(a)模块密度D与分类数m关系图;(b)社团规模分布图

(其中节点半径正比于社团节点数,边粗度正比于社团之间边数,深色节点表示大规模社团)

文献[65]指出模块度优化算法不能识别出规模小于阈值 $\sqrt{L/2}$ 的社团，其中 L 为网络。而 SS-NMF 算法所提取的 28 个社团中有 15 个社团规模小于 $\sqrt{912/2}\approx 20$（见表 6-2）。由表 6-2 可以看出：社团规模皆少于 18（模块度优化算法检测不出来）；表的第三、四两列分别表示社团的内部边数和外部边数，所有的社团内部边数都大于外部边数，表明这些社团都是合法社团结构。这表明，SS-NMF 算法可检测出大量的小规模社团，进一步说明了该算法可以在很大程度上容忍分辨极限问题。

表 6-2　小规模社团统计信息

	社团规模	内部边数	外部边数	对应 D 值
1	8	15	4	3.250 000
2	8	16	4	3.500 000
3	7	10	2	2.571 429
4	6	8	3	2.166 667
5	6	11	2	3.333 333
6	6	9	2	2.666 667
7	5	10	6	2.800 000
8	5	10	5	3.000 000
9	4	6	2	2.500 000
10	3	3	1	1.666 667

6.4　小　　结

本章提出了一种基于半监督非负矩阵分解的社团结构检测算法。该算法将半监督策略融合于非负矩阵分解算法。与传统算法相比，其同时采用多种拓扑相似性，从多层次、多尺度方面刻画社团结构，因此，具有更好的预测效果。同时，该算法是非模块度函数驱动算法，对分辨极限问题具有较强的容忍性。将算法同时应用于人工计算机网络与真实世界网络，实验结果表明所提出的算法具有更高的准确性，更好处理分辨极限问题。

尽管该方法具有高准确性、容忍分辨极限能力强等特点，但仍有一些需要改进的地方：

(1)时间复杂度问题：算法采用非负矩阵分解算法具有复杂性高的特点。如何有效利用网络的拓扑关系对 NMF 算法进行加速是一个富有实际与理论意义的问题。

(2)算法的收敛性问题：在实验中发现所提出的算法在很多情况下不能在最大的迭代次数中收敛，其中一个主要原因在于该算法的初始解是随机的，如何去除随机性带来的收敛性问题是矩阵分解算法的一个重要研究方向。

(3)半监督聚类算法的优势在于利用有限的标记信息来引导聚类,以达到高准确性与快速收敛的目的。半监督成分如何影响算法的性能与参数之间互相制约的关系也是非常值得研究的问题。

6.5 拓展阅读

半监督聚类算法的初衷是克服单一信息不足以全面刻画图的拓扑结构,利用不完全附加信息对图进行有效补充。所涉及的关键技术包括如何构建半监督信息、如何融合半监督信息。目前,绝大多数半监督聚类算法的区别就在于采用不同的策略来处理两大关键技术。更多信息读者可以参考文献[92-93]。

第7章　时序网络图正则化聚类算法

社会和自然界中的许多网络都是动态的，在时序网络中识别不断演化的社区有助于揭示整个系统的结构和功能。为了研究该问题：首先，证明进化非负矩阵分解、谱聚类、K-均值(包括核优化)、模块化密度之间的等价性；其次，提出一种用于时序网络聚类的图正则化进化非负矩阵分解算法(GrENMF)，该算法联合矩阵分解与图正则化策略，具有更高的准确性和鲁棒性；最后，在大量人工和真实动态网络上的实验结果证实所提出算法的优点。

7.1　引　　言

动态数据，如数据流和时间序列图以前所未有的速度积累。在许多领域中动态网络研究变得越来越受欢迎，因为它们为挖掘网络的动态结构提供了巨大的机遇。在动态网络中，随着时间的推移，社区通过添加或删除顶点而动态变化(即动态社区)。与静态社区不同，动态社区的量化涉及两个网络在连续时间步上结构的度量(即动态社区的检测必须考虑当前时间步与前一时间步的网络拓扑)。

众所周知的时间平滑度框架[94]由快照成本(CS)和时间成本(CT)组成，其中CS量化当前时间步的社区结构，可代表网络拓扑的有效性，CT衡量当前时间步与前一时间步社区结构的相似程度。进化聚类的最终目标是在这两种成本之间进行权衡。最广泛使用的策略是通过加权线性函数将CS和CT结合起来，即

$$\mathrm{Cost} = \alpha \mathrm{CS} + (1-\alpha)\mathrm{CT}$$

式中：参数$\alpha(0\leqslant\alpha\leqslant1)$控制CS和CT的相关重要性。当$\alpha=1$时，该算法捕获当前网络中没有CT的聚类；当$\alpha=0$时，返回前一个网络中没有CS的聚类。

根据参数的值，将现有算法分为两类：基于非进化的方法($\alpha=1$)和基于进化的方法($\alpha\neq1$)。前者将社区检测与时间分析分开，具体而言，非进化方法先在每个时间步中独立地发现社区，然后在连续的时间步中分析群落之间的关联关系。Sun等[95]提出了无参数的GraphScope算法，Asur等[96]描述了动态网络中社区的进化事件，Tang等[97]针对动态网络不断发展的规则引入了光谱聚类框架来检测社区。基于非进化的方法很容易实现，这是因为可以直接采用静态网络中的任何社区检测算法。

基于非进化的算法往往由于忽略了动态网络各时间步之间的连接而导致相对较差的性能。为了克服这个问题，基于进化的算法同时考虑了CS和CT[98-100]。FacetNet[98]采用随机块模型来获得动态社区，Kim-Han算法[100]使用拓扑结构扩展模块化函数Q来

发现动态社区，DYNMOGA[105]最大化快照成本的同时最小化时间成本。此外，Liu等[101]开发了应用于动态网络的进化共聚类算法，Ma等[67]将NMF算法扩展到动态网络中，并基于进化聚类算法的等价性提出了两种用于动态社区检测的半监督ENMF(sE-NMF)算法。更多进化算法可参考文献[102]。

基于构建时间成本CT的策略，进化聚类进一步分为两个框架：集群质量保持(PCQ)和集群成员资格保持(PCM)[103]。在第一个框架中，当前分区应用于历史数据(前一个时间点的网络)，由此产生的集群质量决定了时间成本。在第二个框架中，当前分区直接与历史分区(在前一个时间步的分区)比较，由此产生的差异决定了时间成本。第一种方式利用当前聚类结果与前一时间步的网络之间的一致性，而第二种方式利用当前结果和历史聚类结果之间的一致性。PCM框架的优势在于前一时间步的结果用于指导当前时间步的社区检测，对社区动态性较为敏感。它的缺点也十分明显，算法前一时间步的社区检测结果误差会传递给当前时间步的目标函数，影响算法的准确性。然而，PCQ框架避免了这个限制，这是因为所检测到的社区结果是由两个连续时间步长上的网络确定的。

为了进一步提高进化聚类算法的性能，将这两个成本平滑地结合起来至关重要。

7.2 图正则化非负矩阵分解算法

本节提出图正则化非负矩阵分解算法(Graph regularized Evolutionary Nonnegative Matrix Factorization，GrENMF)来挖掘动态网络中的演变信息，主要包括算法框架、参数选择、等价性证明三个方面。

7.2.1 算法框架

GrENMF算法由三个主要部分组成：目标函数构造、矩阵分解和动态社区检测，如图7－1所示(注：GrENMF算法是基于PCQ框架的，GrENMF在PCM框架下的扩展在7.4节中讨论)。

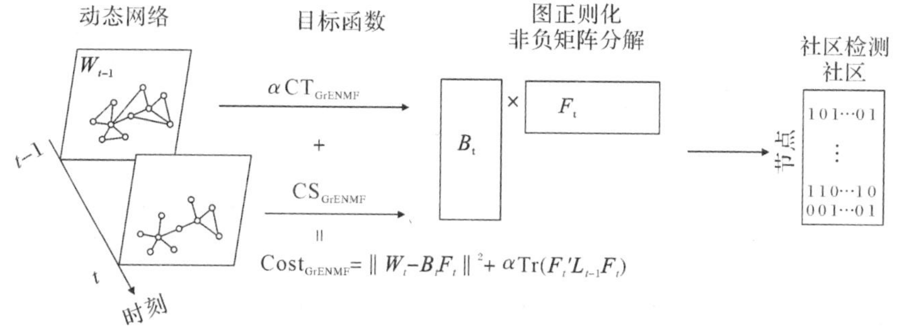

图7－1 GrENMF算法示意图

给定矩阵$\boldsymbol{W}_{n\times n}$，非负矩阵分解NMF旨在找到两个非负矩阵$\boldsymbol{B}_{n\times k}$和$\boldsymbol{F}_{k\times n}$，使得它们的积可以逼近原始矩阵$\boldsymbol{W}$，即

$$W \approx BF, \quad \text{s.t. } B \geqslant 0,\ F \geqslant 0 \tag{7-2}$$

式(7-2)可以通过最小化平方误差来求解,即两个矩阵之间的 l_2 范数距离,

$$\begin{aligned} O^{\text{NMF}}(W|B,F) &= \|W-BF\|^2 \\ &= \|W\|^2 - 2\text{Tr}(B'WF) + \|BF\|^2 \end{aligned} \tag{7-3}$$

非负矩阵分解(NMF)在欧几里得空间中进行学习,它没有考虑数据空间的内在几何结构。为了克服这个问题,Cai 等[104]提出了 GrNMF 算法,在该研究中,局部不变性策略以如下方式施加到 NMF,即给定特征向量集 $X=\{x_i\}(i=1,\cdots,n)$,构造 p 阶最近邻图 $G=\{V,E\}$,令 W 为 G 的邻接矩阵,图正则化项根据特征矩阵 F 量化低秩表示的平滑度为

$$\begin{aligned} O^{\text{Gr}}(W \mid F) &= \frac{1}{2}\sum_i\sum_j \|f_i - f_j\|^2 W_{ij} \\ &= \text{Tr}(FDF') - \text{Tr}(FWF') \\ &= \text{Tr}(FLF') \end{aligned} \tag{7-4}$$

式中:f_i 是矩阵 F 的第 i 列;L 是图 G 的拉普拉斯矩阵。

在此基础上,算法将上一步的时间成本 CT 转换为正则化器。因此,GrENMF 算法的目标函数定义为

$$\begin{aligned} \text{Cost}_{\text{GrENMF}} &= \text{CS}_{\text{GrENMF}} + \alpha\text{CT}_{\text{GrENMF}} \\ &= \text{GrENMF}_t|_{F_t} + \alpha\text{GrENMF}_{t-1}|_{F_t} \end{aligned} \tag{7-5}$$

式中:$|_{F_t}$ 表示对特征 F_t 质量的评估,时间成本 $\text{CT}_{\text{GrENMF}} = \text{GrENMF}_{t-1}|_{F_t}$ 平衡与上一个时间步网络 G_{t-1} 不匹配的特征 F_t。参数 α 控制正则化器的相关重要性。

针对第一个问题(即 CS),算法希望矩阵 F_t 在当前时间步上尽可能准确地对网络进行聚类。因此,算法将$\text{GrENMF}_t|_{F_t}$ 定义为特征矩阵 F_t 和基矩阵B_t 的积与W_t 的误差,即

$$\begin{aligned} \text{GrENMF}_t|_{F_t} &= O^{\text{NMF}}(W_t \mid B_t,F_t) \\ &= \|W_t - B_tF_t\|^2 \end{aligned} \tag{7-6}$$

其基本假设是,矩阵 F_t 衡量当前网络的效果越好,二次方误差就越小。基于式(7-3),重写式(7-6),有

$$\text{GrENMF}_{t|z_t} = \|W_t\|^2 - 2\text{Tr}(B'_tW_tF_t) + \|B_tF_t\|^2 \tag{7-7}$$

针对第二个问题(即 CT),研究期望当前时刻特征矩阵 F_t 也必须很好地衡量上一时刻网络 G_{t-1} 中的社区结构。换句话说,局部不变约束[111] 认为,如果顶点在 G_{t-1} 中连接良好,那么它们在由矩阵 F_t 的列所扩展得到的数据空间中也很接近。为此,定义时间成本函数$\text{GrENMF}_{t-1}|_{F_t}$ 为

$$\begin{aligned} \text{GrENMF}_{t-1}|_{F_t} &= O^{\text{Gr}}(W_{t-1} \mid F_t) \\ &= \text{Tr}(F'_tL_{t-1}F_t) \end{aligned} \tag{7-8}$$

式中:L_{t-1} 是 G_{t-1} 的拉普拉斯矩阵。式(7-8)中的正则项表明特征矩阵 F_t 也反映了G_{t-1} 中的局部拓扑结构,同时考虑了两个时间步的网络。其基本假设是前一个时间点网络的拓扑结构可以用于指导当前时间步的动态社区检测。

在量化快照和时间成本之后,可以构建 GrENMF 算法的总体成本。通过替换将式

(7-6)和式(7-8)代入式(7-5),GrENMF 的总目标函数可以表述为

$$\begin{aligned}\mathrm{Cost}_{\mathrm{GrENMF}} &= O^{\mathrm{NMF}}(\boldsymbol{W}_t \mid \boldsymbol{B}_t,\boldsymbol{F}_t)+\alpha O^{\mathrm{Gr}}(\boldsymbol{W}_{t-1} \mid \boldsymbol{F}_t)\\ &= \|\boldsymbol{W}_t\|^2-2\mathrm{Tr}(\boldsymbol{B}'_t\boldsymbol{W}_t\boldsymbol{F}_t)+\|\boldsymbol{B}_t\boldsymbol{F}_t\|^2+\alpha\mathrm{Tr}(\boldsymbol{F}'_tL_t\boldsymbol{F}_t)\end{aligned} \tag{7-9}$$

因此,GrENMF 算法变成了一个最小化问题,即

$$\min_{\boldsymbol{B}_t,\boldsymbol{F}_t}\mathrm{Cost}_{\mathrm{GrENMF}} \tag{7-10}$$

迭代算法有三个基本问题:构建初始解集、算法停止标准、提取社团结构。算法可描述如下:

算法1 PCQ 框架下的 GrENMF
输入:
G:动态网络。
k:社区数量。
α:时间成本的权重。
输出:
$\{Z_t\}_{t=1}^{T}$:动态社区。
第一部分　矩阵分解
1. 对于每个时间 t,基于奇异值分解(Singular Value Decompostion,SVD)的初始化策略分解得到初始矩阵 $\boldsymbol{B}_t$ 和 $\boldsymbol{F}_t$;
2. 固定矩阵 $\boldsymbol{F}_t$,根据公式更新矩阵 $\boldsymbol{B}_t$;
3. 固定矩阵 $\boldsymbol{B}_t$,根据公式更新矩阵 $\boldsymbol{F}_t$;
4. 继续执行步骤 2 和 3,直到达到终止条件。
第二部分　动态社区检测
5. 基于矩阵 $\boldsymbol{B}_t$ 提取动态社区 Z_t;
6:返回 $\{Z_t\}_{t=1}^{T}$。

7.2.2 参数选择

算法中涉及两个参数:α 控制正则化器的权重,k 是社区的数量。

本节采用基于不稳定性的 NMF 模型用于提取最佳聚类数。该模型将 NMF 的多次运行结果与衡量输出矩阵不稳定性的标准相结合。对于每个分类,NMF 算法使用随机初始化方式运行 τ 次,并获得 τ 个基矩阵,记为 $\boldsymbol{B}_1,\cdots,\boldsymbol{B}_\tau$。给定两个矩阵 $\boldsymbol{B}_1$ 和 $\boldsymbol{B}_2$,定义一个 $\tau\times\tau$ 的矩阵 $\boldsymbol{Q}$,其中元素 Q_{ij} 对应矩阵 $\boldsymbol{B}_1$ 的第 i 列和矩阵 $\boldsymbol{B}_2$ 的第 j 列之间的互相关指数。$\boldsymbol{B}_1$ 和 $\boldsymbol{B}_2$ 之间的差异定义为

$$\mathrm{diss}(\boldsymbol{B}_1,\boldsymbol{B}_2)=\frac{1}{2k}\left(2k-\sum_j\max Q_j-\sum_i\max Q_i\right)$$

式中:Q_j 表示矩阵 $\boldsymbol{Q}$ 的第 j 列。不稳定性定义为聚类 k 下所有基矩阵的差异,即

$$Y(k)=\frac{2}{\tau(\tau-1)}\sum_{1\leqslant i<j\leqslant\tau}\mathrm{diss}(\boldsymbol{B}_i,\boldsymbol{B}_j)$$

最终选择的聚类数 k 对应于最小的 $Y(k)$。

7.2.3 等价性证明

许多研究致力于探索进化聚类之间的联系。Chi 等[99] 证明了进化谱聚类和 K-means 之间的等价性。Ma 等[67] 证明了 ENMF、进化模块化密度(Evolutionary Modularity Density)、进化谱聚类(Evolutionary Spectral Clustering)和 K-means 之间的等价性并扩展了该理论。本节将研究 GrENMF 与典型进化聚类算法之间的关系。

(1) 式(7-1) 与 ENMF 等价性证明。根据式(7-1),ENMF 算法的总成本函数定义为[67]

$$\begin{aligned}\mathrm{Cost}_{\mathrm{ENMF}} &= \alpha \mathrm{CS}_{\mathrm{ENMF}} + (1-\alpha)\mathrm{CT}_{\mathrm{ENMF}} \\ &= \alpha \mathrm{NMF}_t \big|_{\boldsymbol{F}_t} + (1-\alpha)\mathrm{NMF}_{t-1} \big|_{\boldsymbol{F}_t}\end{aligned} \tag{7-11}$$

通过替换式(7-6) 导入式(7-11),得到

$$\begin{aligned}\mathrm{Cost}_{\mathrm{ENMF}} &= \alpha \| \boldsymbol{W}_t - \boldsymbol{B}_t\boldsymbol{F}_t \|^2 + (1-\alpha) \| \boldsymbol{W}_{t-1} - \boldsymbol{B}_t\boldsymbol{F}_t \|^2 \\ &= \alpha(\| \boldsymbol{W}_t \|^2 + \| \boldsymbol{B}_t\boldsymbol{F}_t \|^2 - 2\mathrm{Tr}(B'_t\boldsymbol{W}_t\boldsymbol{F}_t)) + \\ &\quad (1-\alpha)[\| \boldsymbol{W}_{t-1} \|^2 + \| \boldsymbol{B}_t\boldsymbol{F}_t \|^2 - 2\mathrm{Tr}(\boldsymbol{B}'_t W_{t-1}\boldsymbol{F}_t)] \\ &= \alpha \| \boldsymbol{W}_t \|^2 + (1-\alpha) \| \boldsymbol{W}_{t-1} \|^2 + \| \boldsymbol{B}_t\boldsymbol{F}_t \|^2 - \\ &\quad 2\mathrm{Tr}\{\boldsymbol{B}'_t[\alpha\boldsymbol{W}_t + (1-\alpha)\boldsymbol{W}_{t-1}]\boldsymbol{F}_t\}\end{aligned} \tag{7-12}$$

因为前两项 $\alpha \| \boldsymbol{W}_t \|^2$ 和 $(1-\alpha) \| \boldsymbol{W}_{t-1} \|^2$ 是常数,将 ENMF 的成本函数重写为

$$\mathrm{Cost}_{\mathrm{ENMF}} \propto \| \boldsymbol{B}_t\boldsymbol{F}_t \|^2 - 2\mathrm{Tr}\{\boldsymbol{B}'_t[\alpha W_t + (1-\alpha)\boldsymbol{W}_{t-1}]\boldsymbol{F}_t\} \tag{7-13}$$

Ma 等[67] 证明了对称和正交的 ENMF 与进化谱聚类是等价的。通过对 ENMF 和 GrENMF 算法施加对称约束来放松正交约束,即对 ENMF 施加对称约束,式(7-13) 转化为

$$\mathrm{Cost}_{\mathrm{ENMF}} \propto \| \boldsymbol{F}'_t\boldsymbol{F}_t \|^2 - 2\mathrm{Tr}\{\boldsymbol{F}'_t[\alpha\boldsymbol{W}_t + (1-\alpha)\boldsymbol{W}_{t-1}]\boldsymbol{F}_t\} \tag{7-14}$$

类似地,对 GrENMF 施加对称约束,式(7-13) 被重新表述为

$$\mathrm{Cost}_{\mathrm{GrENMF}} = \| \boldsymbol{F}'_t\boldsymbol{F}_t \|^2 - 2\mathrm{Tr}[\boldsymbol{F}'_t(\boldsymbol{W}_t - \alpha\boldsymbol{L}_{t-1})\boldsymbol{F}_t] \tag{7-15}$$

比较式(7-14) 和式(7-15),结果表明,除使用的矩阵之外,在对称约束下最大化 ENMF 的成本与最小化 GrENMF 的成本是等价的,因为它们具有相同的迹优化形式,即

$$\min_{\boldsymbol{B}'_t = \boldsymbol{F}_t} \mathrm{Cost}_{\mathrm{GrENMF}} \propto \min \mathrm{Cost}_{\mathrm{ENMF}} \tag{7-16}$$

等价性的证明扩展了参考文献中进化聚类的理论[6,9],这为解释 GrENMF 算法适用于动态网络中不断发展的社区检测提供了理论基础。

(2) 与进化谱聚类的等价性。平均负关联性(Negated Average association,NA) 定义为

$$\mathrm{NA} = \mathrm{Tr}(\boldsymbol{W}_t) - \sum_{i=1}^{k} \frac{L(C_{it}, C_{it})}{|C_{it}|} \tag{7-17}$$

式中:$\{C_{it}\}_{i=1}^{k}$ 是顶点集 V_t 的硬划分,$L(C_{it}, C_{jt}) = \sum_{i \in C_{it}, j \in C_{jt}} w_{ijt}$。进化谱聚类的总成本

定义为[99]

$$\mathrm{Cost_{NA}} = \alpha \mathrm{CS_{NA}} + (1-\alpha)\mathrm{CT_{NA}} \tag{7-18}$$

此外,$\mathrm{Cost_{NA}}$ 被重写为

$$\min\mathrm{Cost_{NA}} \propto \max \mathrm{Tr}[\widetilde{\boldsymbol{Z}}'_t(\alpha\boldsymbol{W}_t + (1-\alpha)\boldsymbol{W}_{t-1})\widetilde{\boldsymbol{Z}}_t]$$

为了证明进化谱聚类和GrENMF算法之间的等价性,进一步减少式(7-18)中的目标函数中的参数。很容易验证$\widetilde{\boldsymbol{Z}}'_t\widetilde{\boldsymbol{Z}}_t = \boldsymbol{I}_{k_t}$ 和 $\mathrm{Tr}(\widetilde{\boldsymbol{Z}}'_t\boldsymbol{D}_{t-1}\widetilde{\boldsymbol{Z}}_t) = 2m_{t-1}$,其中 $2m_{t-1} = \sum_i d_{i,t-1}$。然后,式(7-18)可以重新表述为

$$\begin{aligned}\min\mathrm{Cost_{NA}} &\propto \max\mathrm{Tr}[\widetilde{\boldsymbol{Z}}'_t\alpha(\boldsymbol{W}_t - \boldsymbol{W}_{t-1})\widetilde{\boldsymbol{Z}}_t] + \mathrm{Tr}(\widetilde{\boldsymbol{Z}}'_t\boldsymbol{W}_{t-1}\widetilde{\boldsymbol{Z}}_t)\\ &\propto \max\mathrm{Tr}[\widetilde{\boldsymbol{Z}}'_t\alpha(\boldsymbol{W}_t - \boldsymbol{W}_{t-1})\widetilde{\boldsymbol{Z}}_t] - k_t - 2m_{t-1} - \mathrm{Tr}[\widetilde{\boldsymbol{Z}}'_t(-\boldsymbol{W}_{t-1})\widetilde{\boldsymbol{Z}}_t]\\ &\propto \max\mathrm{Tr}[\widetilde{\boldsymbol{Z}}'_t\alpha(\boldsymbol{W}_t - \boldsymbol{W}_{t-1})\widetilde{\boldsymbol{Z}}_t] - \|\widetilde{\boldsymbol{Z}}'_t\widetilde{\boldsymbol{Z}}_t\| - \mathrm{Tr}[\widetilde{\boldsymbol{Z}}'_t(\boldsymbol{D}_{t-1} - \boldsymbol{W}_{t-1})\widetilde{\boldsymbol{Z}}_t]\\ &\propto \min -2\mathrm{Tr}[\widetilde{\boldsymbol{Z}}'_t\alpha(\boldsymbol{W}_t - \boldsymbol{W}_{t-1})^{12}\widetilde{\boldsymbol{Z}}_t] + \|\widetilde{\boldsymbol{Z}}'_t\widetilde{\boldsymbol{Z}}_t\| + \mathrm{Tr}(\widetilde{\boldsymbol{Z}}'_t\boldsymbol{L}_{t-1}\widetilde{\boldsymbol{Z}}_t)\end{aligned} \tag{7-19}$$

很容易验证式(7-19)中的最后一项是受约束的GrENMF,其中对称性和正交性施加在矩阵 $\boldsymbol{B}_t$ 和 $\boldsymbol{F}_t$ 上,即

$$\begin{aligned}&\min_{\boldsymbol{B}_t,\boldsymbol{F}_t}\|\boldsymbol{B}'_t\boldsymbol{F}_t\| - 2\mathrm{Tr}[\boldsymbol{B}'_t\alpha(\boldsymbol{W}_t - \boldsymbol{W}_{t-1})\boldsymbol{F}_t] + \mathrm{Tr}(\boldsymbol{F}'_tL_{t-1}\boldsymbol{F}_t)\\ &\mathrm{s.\,t.}\ \boldsymbol{B}_t \geqslant \boldsymbol{0}, \boldsymbol{B}'_t = \boldsymbol{F}_t, \boldsymbol{B}'_t\boldsymbol{B}_t = I_k\end{aligned} \tag{7-20}$$

因此,进化谱聚类等价于约束的GrENMF算法,即

$$\min_{\boldsymbol{B}'_t=\boldsymbol{F}_t,\boldsymbol{B}'_t\boldsymbol{B}_t=I_k}\mathrm{Cost_{GrENMF}} \propto \min\mathrm{Cost_{NA}} \tag{7-21}$$

在文献[99]中,证明了进化 K-means和谱聚类之间的等价性。此外,文献[67]证明了进化模块化密度和进化谱聚类算法之间的等价性。因此,研究断言对称与正交的GrENMF与它们等价,即

$$\begin{cases}\min\limits_{\boldsymbol{B}'_t=\boldsymbol{F}_t,\boldsymbol{B}'_t\boldsymbol{B}_t=\boldsymbol{I}_k}\mathrm{Cost_{GrENMF}} \propto \min\mathrm{Cost_{KM}}\\ \min\limits_{\boldsymbol{B}'_t=\boldsymbol{F}_t,\boldsymbol{B}'_t\boldsymbol{B}_t=\boldsymbol{I}_k}\mathrm{Cost_{GrENMF}} \propto \max\mathrm{Cost_{Q_D}}\end{cases}$$

式中:$\mathrm{Cost_{KM}}$ 和$\mathrm{Cost_{Q_D}}$ 是进化 K-means和模块化密度的总体成本函数(详细信息可以参考文献[67])。

7.3 实验结果

本书采用了4种著名的算法进行对比实验,包括FacetNet[98]、DYNMOGA[106]、sE-NMF[67] 和Kim-Han[100]。选择FacetNet和Kim-Han算法是因为它们是解决动态网络社区检测问题的两种著名算法。选择DYNMOGA和sE-NMF算法是因为它们是解决此问题的两种最新方法,并且具有出色的性能。

对比方法使用参数的默认值运行。五个数据集用于验证性能，包括三个人工和两个现实世界的动态网络。动态社区结构在人工网络中是已知的，这用来证明对比算法的准确性。两个现实世界的网络，包括社交网络和癌症网络，用于测试这些算法是否可以在具有特定背景的动态网络中发现不断发展的社区。

7.3.1 准确性度量指标

两个标准用于衡量算法的性能，即归一化互信息(NMI)[90]和错误率[98]。给定标准分区 C^* 和得到的分区 C，构造一个混淆矩阵 $\boldsymbol{N}$，其行对应于 C^* 中的社区，列对应于 C 中的社区。元素 N_{ij} 是得到的第 i 个和第 j 个社区重叠的顶点数。归一化互信息被定义为

$$\text{NMI}(C,C^*)=\frac{-2\sum_{i=1}^{|C|}\sum_{j=1}^{|C^*|}N_{ij}\,\text{lb}\,\frac{N_{ij}\boldsymbol{N}}{N_{i.}N_j}}{\sum_{i=1}^{|C|}N_{i.}\,\text{lb}\,\frac{N_{i.}}{\boldsymbol{N}}+\sum_{j=1}^{|C^*|}N_{.j}\,\text{lb}\,\frac{N_j}{\boldsymbol{N}}}$$

式中：$|C|$是 C 中的社区数；$N_{i.}$ 是 $\boldsymbol{N}$ 的第 i 行之和。

令 $\boldsymbol{Z}$ 和 $\boldsymbol{Z}^*$ 分别为 C 和 C^* 的指示矩阵。错误率 errorrate 定义为

$$\text{error}(\boldsymbol{Z},\boldsymbol{Z}^*)=\sqrt{\|\boldsymbol{Z}^*(\boldsymbol{Z}^*)'-\boldsymbol{ZZ}'\|}$$

7.3.2 合成数据集 #1(人工网络数据集 #1)

基于 GN 基准网络，Kim 等[100]将动力学引入 GN 网络，提出了一种人工动态网络模型。每个 GN 基准网络由 128 个顶点组成，分为 4 个社区，每个社区包含 32 个顶点。网络中的每个顶点的平均度为 16，并共享连接社区外顶点的 z 条边。将动力学引入 GN 基准网络的过程描述如下：首先，起始网络(即 $\boldsymbol{G}_1$)是一个 GN 基准网络，然后，从 $\boldsymbol{G}_{t-1}$ 中的每个社区随机选择 3 个顶点分配给 $\boldsymbol{G}_t$ 中的其他社区。因为所有时间步的社区数都是 4，所以生成的动态网络称为 SYN－FIX 网络。为了构建包含形成和解散社区的动态网络，还提出了一种生成 SYN－VAR 网络的改进模型。初始网络 $\boldsymbol{G}_1$ 有 256 个顶点，分为 4 个社区，每个社区有 64 个顶点。在时间步$(t-1)$从每个社区中随机选择 8 个顶点，并在时间步 t 将它们分组为一个新社区。此过程重复 5 个时间步，然后将顶点还原到原始社区。因此，动态 SYN－VAR 网络的社区数为 4,5,6,7,8,8,7,6,5,4。为了全面检查算法的性能，还分别设置了 $z=3$ 和 $z=5$。

在人工网络数据集 #1 中，有四种类型的动态网络：$z=3$ 和 $z=5$ 的 SYN－FIX 网络、$z=3$ 和 $z=5$ 的 SYN－VAR 网络。为了消除随机性，GrENMF 的准确度是 50 次运行的平均归一化互信息。

1. 参数分析

GrENMF 中涉及两个参数 k 和 α，参数 k 是社区的数量，参数 α 控制时间成本 CT 的重要性。对于每个参数，算法通过固定剩余参数来分析它如何影响 GrENMF 的性能。由于社

区数已知，因此很容易检验 GrENMF 算法是否能够准确识别网络的社区数。结果如图 7-2 所示，图 7-2(a)(b) 分别对应在 $t=2$ 和 $z=3$ 的前提下 GrENMF 在 SYN-FIX 和 SYN-VAR 网络上的不稳定性。根据具有最小不稳定性的社区数，很容易推断，GrENMF 准确地发现了聚类数。在 $z=5$ 的动态网络上算法具有相同的性能。此外，还检查了 GrENMF 在所有时间步上选择参数 k 的准确性，如图 7-2 所示，其中图 7-2(c) 是 GrENMF 在 $z=3$ 的 SYN-FIX 网络上获得的簇数，图 7-2(d) 是在 $z=3$ 的 SYN-VAR 网络上获得的簇数。根据图 7-2(c)，可以断言 GrENMF 准确地选择了 SYN-FIX 网络的社区数量。如图7-2(d) 所示，尽管 GrENMF 算法不能 100% 准确地发现 SYN-VAR 网络的社区数量，但 GrENMF 的性能是可以接受的，因为 GrENMF 获得的社区数量与基准的最大差异为 1。因此，GrENMF 采用的选择社区数量的策略是有效的。

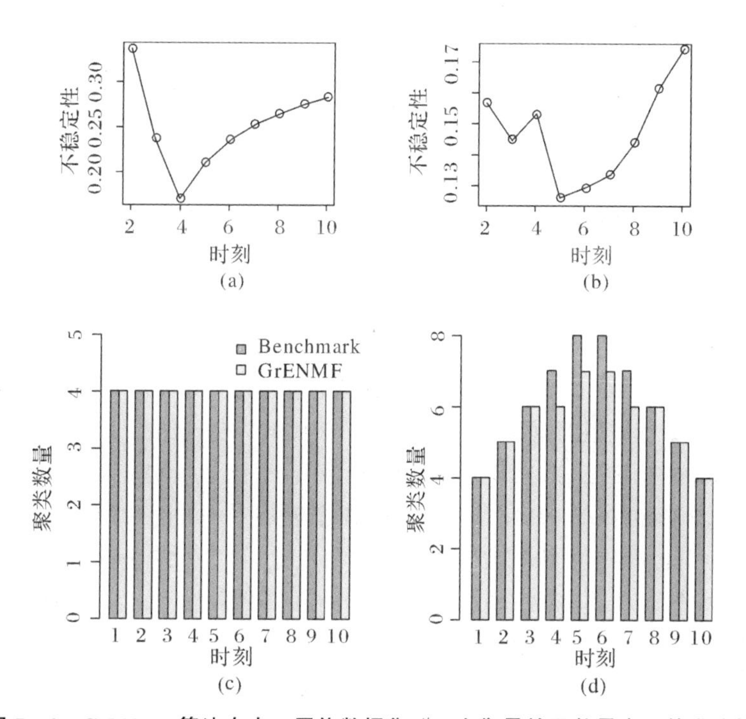

图 7-2 GrENMF 算法在人工网络数据集 #1 上衡量社区数量方面的准确性

接下来研究参数 α 如何影响 GrENMF 算法的性能。图 7-3 展示了归一化互信息如何随着参数 α 从 0.1 增加到 1.0 时变化的，其中图 7-3(a)(c) 展示了算法在动态网络上的归一化互信息，7-3(b)(d) 展示了误差。很轻易地得到结论：随着 α 的增加，准确度也会增加。得到这种趋势的原因：当 α 比较小时，正则化器的贡献是微妙的，这会影响 GrENMF 的准确性，因为算法在这种情况下更偏向于在当前时间步反映网络的社区。随着 α 的增加，正则化器的贡献也会提高。在这种情况下，GrENMF 获得的社区既反映了当前时间步的网络结构，也反映了前一时间步的网络拓扑，因此，提高了算法的准确性。GrENMF 算法在 $\alpha=0.8$ 时快照成本和时间成本之间达到了很好的平衡。

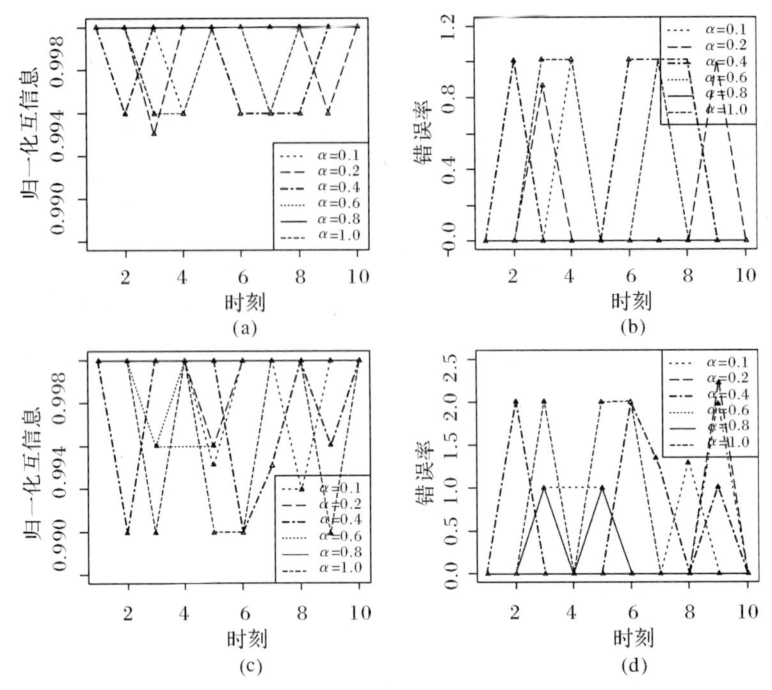

图 7－3　不同 α 对算法性能在各种动态网络的影响

(a) 算法在 $z=3$ 的 SYN－FIX 网络上的归一化互信息;(b) 算法在 $z=3$ 的 SYN－FIX 网络上的错误率;
(c) 算法在 $z=3$ 的 SYN－VAR 网络上的归一化互信息;(d) 算法在 $z=3$ 的 SYN－VAR 网络上的错误率

2. 算法性能

图 7－4 总结了在数据集 #1 上各种算法性能的比较。可以很轻易地得到结论，GrENMF算法在所有类型的动态网络上都优于对比的算法。Kim－Han算法的效果最差，原因可能是 Kim － Han 算法无法有效地捕捉网络的动态性。此外，sE － NMF (semi-supervised Evolution NMF) 和 GrENMF 算法在 $z=3$ 的 SYN－VAR 网络上具有相同的性能，而GrENMF在其他类型的动态网络上比 sE－NMF 更准确。所提出的方法优于其他方法有两个原因：①NMF 在动态社区检测方面非常强大；② 正则化策略避免了网络在两个连续时间步的线性组合，提高了算法的准确性。

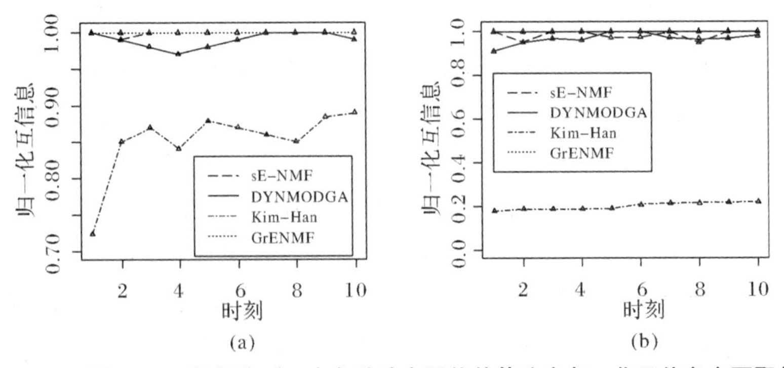

图 7－4　数据集 #1 中各种动态网络的算法在归一化互信息方面取得的性能

(a)$z=3$ 的 SYN－FIX 网络;(b)$z=5$ 的 SYN－FIX 网络

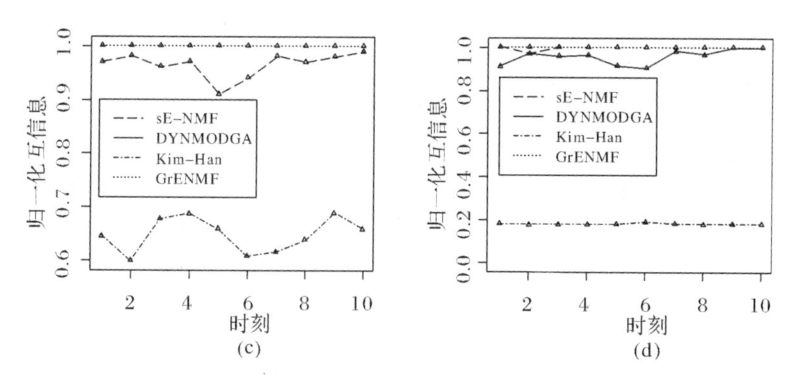

续图 7-4 数据集 ♯1 中各种动态网络的算法在归一化互信息方面取得的性能

(c)$z=3$ 的 SYN-VAR 的网络;(d)$z=5$ 的 SYN-VAR 网络

7.3.3 合成数据集 ♯2(人工网络数据集 ♯2)

基于 GN 基准网络,Lin 等[98] 提出了一个动态网络模型,这与数据集 ♯1 中的不同。为了生成动态网络,$C\%$ 的顶点在每个时间步的社区之间移动。为此,产生了两种不同的情况。第一种情况,在时间步 t 随机选择每个社区中 10% 的顶点,并在时间步$(t+1)$将这些顶点分配给其他社区。第二种情况,选择 30% 的顶点与在当前时间步相同,30% 的顶点进行动态改变,并在时间步$(t+1)$分配给其他社区。此外,还分别设置 $z=5$ 和 $z=6$。因此,包括四种类型的动态网络:$z=5$、$C=10$ 的网络,$z=6$、$C=30$ 的网络,$z=6$、$C=10$ 的网络,以及 $z=6$、$C=30$ 的网络。算法考虑 20 个时间步长。

在参数 $\alpha=0.8$ 的情况下,将 GrENMF 算法与其他算法在 NMI 方面进行了比较,如图 7-5 所示。GrENMF 在所有类型的动态网络中都显著优于对比算法。图 7-5(a)(c) 的结果比较表明,增加噪声水平会显著影响 FacetNet 和 DYNMOGA 算法的性能,而不会影响 GrENMF 和 sE-NMF 算法的性能,这证明基于非负矩阵分解的算法相比其他算法抗噪声能力更强。图 7-5(b)(d) 中也出现了类似的趋势。10% 和 30% 的扰动对比实验表明,尽管扰动百分比显著降低了准确率,但 GrENMF 算法仍然优于其他算法。结果表明,正则化策略不仅提高了算法的准确性,而且提高了算法的鲁棒性,这进一步证明该算法在动态网络中的社区检测中具有广阔的应用前景。GrENMF 性能较高的原因是网络在后续两个时间步的线性组合不能有效捕捉网络的动态性,而正则化策略避免了这个问题。

值得注意的是,数据集 ♯1 中的 sE-NMF 和 GrENMF 算法之间的差异并不像数据集 ♯2 中那么显著。可能的原因是,数据集 ♯2 中网络的动态比数据集 ♯1 中的激烈得多。具体来说,在数据集 ♯1 中,每个时间步长只有 3 个顶点($\leqslant 2.3\%$ 网络中的顶点)是动态变化的,而在数据集 ♯2 中 10% 或 30% 的顶点在每个时间点都在动态变化。事实表明,在动态变化剧烈的时间网络上,GrENMF 算法比 sE-NMF 更准确。

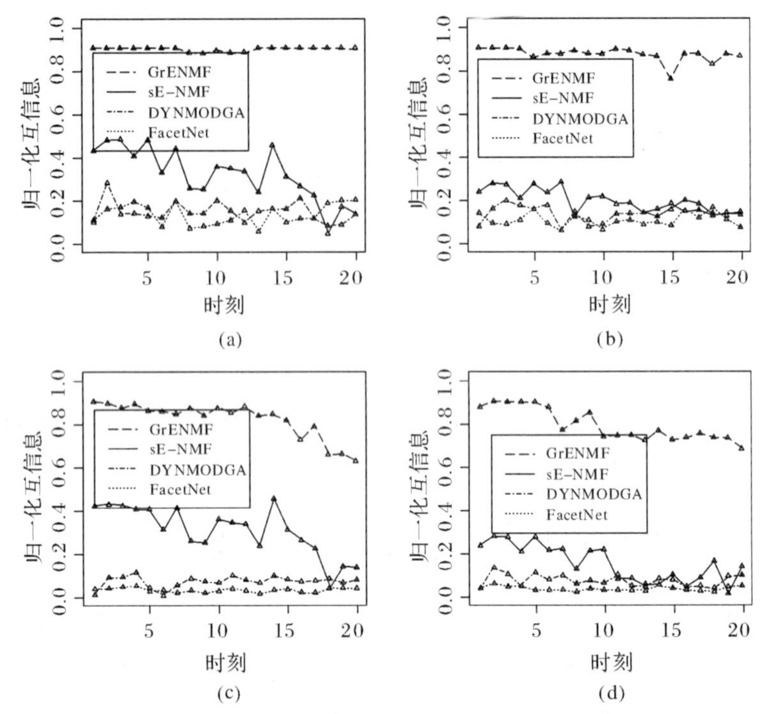

图 7-5 数据集 #2 上 GrENMF、DYNMOGA、FacetNet 和 sE-NMF 在归一化互信息方面的比较

(a) 动态网络 $z=5$ 和 $C=10$;(b) 动态网络 $z=5$ 和 $C=30$;

(c) 动态网络 $z=6$ 和 $C=10$;(d) 动态网络 $z=6$ 和 $C=30$

7.3.4 合成数据集 #3(人工网络数据集 #3)

以往的时间网络中,所有动态社区的生成都是基于在社区之间切换顶点的成员资格,这远远不能充分证明算法的性能。因此,Greene 等[107] 开发了一个模型来生成更加复杂的进化社区,总结如下:

生死(Birth and Death,BD):从第二个时间步开始,10% 的新社区是通过从其他社区中移除顶点来创建的,并随机移除 10% 的现有社区。

扩展和收缩(Expansion and Contraction,EC):随机选择 10% 的社区扩展或收缩 25% 的规模。从其他社区中随机选择新的顶点进行扩展。

间歇性(Intermittent,IM):第一个时间点步骤中 10% 的社区被隐藏。

合并和分裂(Merging and Splitting,MS):在每个时间步,分裂 10% 的社区,选择 10% 的社区,最终合并耦合社区。

为每个进化事件生成动态网络的参数设置如下:平均度为 15,每个网络中的顶点数为 1 000,社区数在 20 ~ 50 之间,混合参数为 0.2。图 7-6 描绘了 5 种动态网络上对比算法的归一化互信息,很清楚地表明 GrENMF、DYNMOGA 和 sE-NMF 算法在所有四种进化事件中都优于 FacetNet。GrENMF 和 sE-NMF 算法在四个进化事件中具有相似的性能。更具体地说,GrENMF 和 sE-NMF 算法在 BD 和 IM 社区事件上具有相似的性能。

GrENMF算法在扩展和收缩EC事件上略优于sE-NMF,而sE-NMF算法在合并和分裂MS事件上优于GrENMF。

FacetNet的准确性随着时间的增加而急剧下降,而其他的则趋于稳定。原因是FacetNet算法是基于PCM框架,前一个时间步的社区误差会影响下一个时间步的社区。但是,其他的都是基于PCQ框架,这避免了上述问题。GrENMF和sE-NMF之间的比较意味着它们具有相似的性能,因为网络的动态性变化较小。

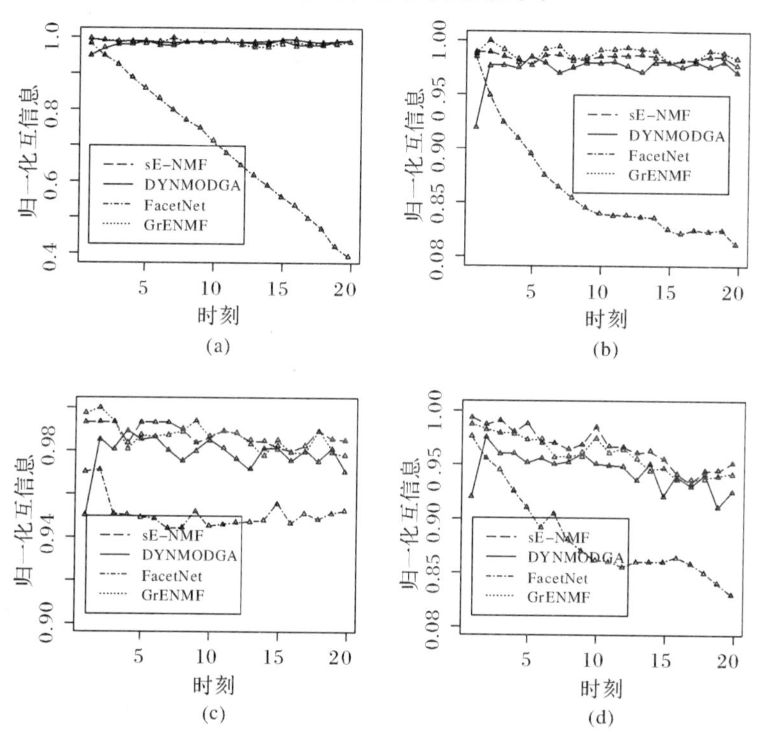

图7-6 对比算法在合成数据集 #3 上的准确性比较

(a)BD;(b)EC;(c)IM;(d)MS

7.3.5 手机通话网络

前三个数据集是人工网络,其中顶点的成员资格是已知的。接下来检查这些算法如何发现现实世界动态网络中的进化社区。本节使用虚构的帕莱索运动成员之间的手机通话记录来构建网络,具体时间为2006年6月的10天。手机网络以每个人为顶点,每对成员之间通话记录作为边缘。手机总数为400部,将每一天的通话记录作为构建动态网络中每一层时间步的依据。

由于真实的社区结构是未知的,遵循Lin等所用社区检测的相同方法[98]。通过在聚合网络上应用非负矩阵分解算法来发现社区结构(获得的社区结构被认为是真实社区的划分)。

通过比较真实社区划分与每个时间步获得的社区之间的归一化互信息来对比算法

的准确度。在标准化互信息(NMI)方面,比较了在手机网络上算法的性能,如图 7-7 所示。可以很容易地得到,GrENMF 算法所得到的归一化互信息明显高于 DYNMOGA 和 sE-NMF 算法。此外,sE-NMF 算法优于 DYNMOGA 算法,这表明低秩近似是处理网络动态性的有效方法。

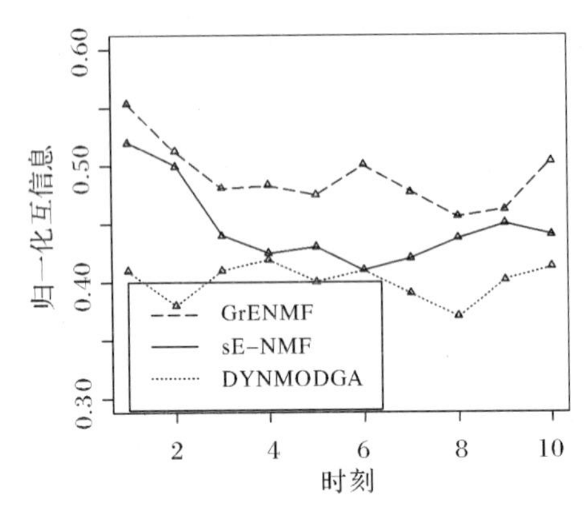

图 7-7　手机网络上各种算法在 NMI 方面的性能

7.3.6　大规模癌症动态网络

由于两个原因,所有之前所用的动态网络都不足以完全验证算法的性能。首先,以前动态网络的规模都太小(≤1 000);其次,所有以前的网络都是未加权的。因此,迫切需要加权和大规模的动态网络。本节采用基于基因表达数据的与乳腺癌进展相关的动态网络[99],有 4 个时间步长,每个时间点网络中的基因数为 9 879。

与手机通话网络类似,动态社区划分是未知的。为研究算法在生物信息学上的应用,使用基因本体(Gene Ontology,GO)[108] 评估检查已知 GO 功能显著丰富的社区所占获得社区的百分比。通过使用 P 值[109] 来评估动态群落的统计学和生物学意义。具体而言,给定一个动态群落 C,在功能组 F 中有 k 个蛋白质,P 值定义为

$$P = 1 - \sum_{i=0}^{k-1} \frac{\binom{|F|}{i}\binom{|V|-|F|}{|C|-i}}{\binom{|V|}{|C|}}$$

式中:$|V|$ 表示网络中基因的数量。功能同质性 P 值是给定的一组基因偶然被一个功能富集的概率。所有 P 值都通过 Benjamini-Hochberg 方法[110] 校正,截止值为0.05。

遵循参考文献[99]中的策略,算法检查了所预测的动态社区中至少有一个显著丰富的社区的比例。如图 7-8 所示,GrENMF 在所有四个阶段都优于其他算法,这表明所提出的算法发现了生物学中的动态富集群落。具体来说,GrENMF 在第二阶段获得的动态社区富集百分比为 81.5%,而 sE-NMF、DYNMOGA 和 FacetNet 算法分别为 76.3%、71.8% 和 63.4%。因此,GrENMF 提供了一种探索与疾病进展相关的时间依赖性网络的有效方法。

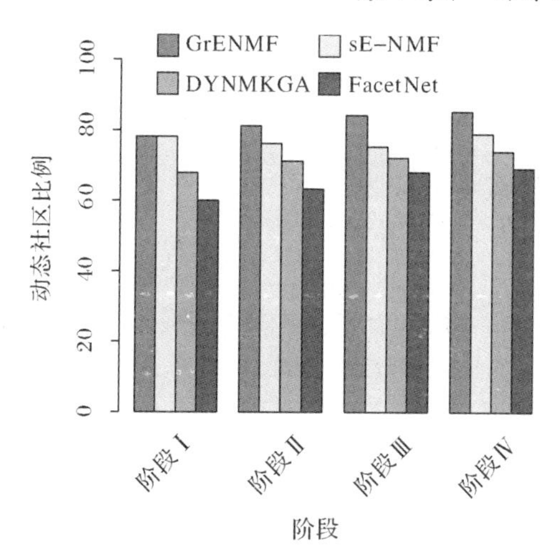

图7-8　通过各种对比算法获得的动态社区中至少有一个基因本体功能显著富集的比例

7.4　GrENMF扩展

本节中将研究GrENMF在PCM框架下的扩展，并讨论如何去选择特定的框架(PCM或PCQ)。

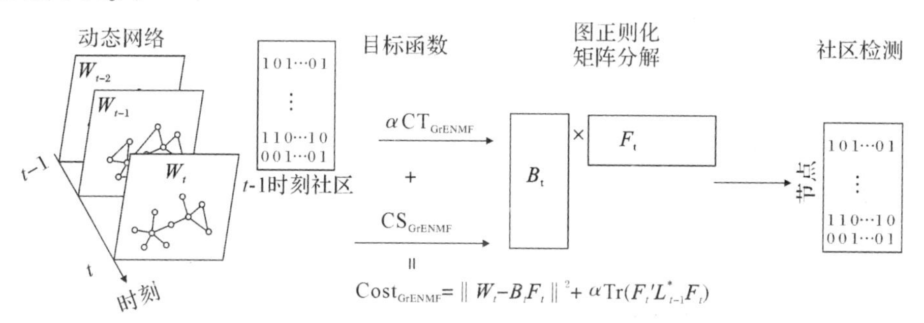

图7-9　PCM框架下的GrENMF流程图

与PCQ框架不同的是，PCM框架下的时间成本是基于上一个时间步的社区结构，而不是上一个时间步的网络。

7.4.1　基于PCM框架的GrENMF算法

PCM和PCQ框架的区别在于定义时间成本CT上有所不同，如图7-1和图7-2所示。具体来说，PCQ将时间成本CT量化为当前时间步的特征矩阵与前一步的网络之间的距离[见式(7-8)]，而PCM将其量化为当前时间步的特征矩阵与前一个时间步的社区结构之间的距离。在这里，通过使用矩阵$\boldsymbol{F}_t$和分割矩阵$\boldsymbol{Z}_{t-1}$来量化时间成本。另外，式(7-8)中CT被改写为

$$\mathrm{GrENMF}_{t-1}\big|_{\boldsymbol{F}_t}=O^{\mathrm{Gr}}(\widetilde{\boldsymbol{Z}}_{t-1}\mid\boldsymbol{F}_t)=\mathrm{Tr}(\boldsymbol{F}'_t\boldsymbol{L}^*_{t-1}\boldsymbol{F}_t)\qquad(7-22)$$

式中：$\boldsymbol{L}_{t-1}^{*}$ 是网络的拉普拉斯矩阵，其邻接矩阵为$\widetilde{\boldsymbol{Z}}_{t-1}\widetilde{\boldsymbol{Z}}'_{t-1}$。

因此，PCM 下的 GrENMF 算法被转换为

$$\left.\begin{aligned}&\min_{\boldsymbol{B}_t,\boldsymbol{F}_t} 2\mathrm{Tr}(\boldsymbol{B}'_t\boldsymbol{W}_t\boldsymbol{F}_t)-\|\boldsymbol{B}_t\boldsymbol{F}_t\|^2+\alpha\mathrm{Tr}(\boldsymbol{F}'_t\boldsymbol{L}_{t-1}^{*}\boldsymbol{F}_t)\\&\mathrm{s.t.}\ \boldsymbol{B}_t\geqslant\boldsymbol{0},\boldsymbol{F}_t\geqslant\boldsymbol{0}\end{aligned}\right\}\tag{7-23}$$

详细更新过程可见文献[111]。

PCQ 和 PCM 下的 GrENMF 算法具有相同的复杂性，因为它们之间的唯一区别是定义 CT 的策略。PCM 下的 GrENMF 算法见算法 2。

算法 2　PCM 框架下的 GrENMF

输入：

G：动态网络。

k：社区数量。

α：时间成本的权重。

输出：

$\{Z_t\}_{t=1}^{\mathrm{T}}$：动态社区。

第一部分　构造正则化图

1. 对于每个时间步 t，构造正则化图为$\widetilde{\boldsymbol{Z}}_{t-1}\widetilde{\boldsymbol{Z}}'_{t-1}$。

第二部分　矩阵分解

2. 基于 SVD 的初始化策略[54] 分解得到初始矩阵 $\boldsymbol{B}_t$ 和 $\boldsymbol{F}_t$。

3. 固定矩阵 $\boldsymbol{F}_t$，根据公式更新矩阵 $\boldsymbol{B}_t$。

4. 固定矩阵 $\boldsymbol{B}_t$，根据公式更新矩阵 $\boldsymbol{F}_t$。

5. 继续执行步骤 2 和 3，直到达到终止条件。

第三部分　动态社区检测

6. 基于矩阵 $\boldsymbol{B}_t$ 提取动态社区 $\boldsymbol{Z}_t$。

7. 返回 $\{Z_t\}_{t=1}^{\mathrm{T}}$。

7.4.2　PCM 和 PCQ 框架对比

对比两种框架下的 GrENMF 算法有两个直观的问题：

(1) 它们是否具有相似的性能？

(2) 如果它们没有相似的性能，那么如何在特定网络中选择某一具体的框架？

关于第一个问题，没有一致的答案。Chi 等[99] 证明了 PCQ 和 PCM 下的进化谱聚类算法具有相似的性能，而 Ma 等[67] 表明，两种框架下的 sE－NMF 方法在准确度方面差异很大(有时差异甚至达到 40%)。因此，本节研究 GrENMF 算法在 PCQ 和 PCM 下的性能。图 7－10 包含数据集 #1 中 SYN－VAR 网络上在 PCM 和 PCQ 下 GrENMF 算法的 NMI，这意味着它们在准确性方面存在很大差异。更具体地说，PCQ 下的 GrENMF 算法在 SYN－VAR 网络上性能比在 PCM 下的算法要好得多。其原因是 PCQ 框架基于两个后续网络之间的相似性，而 PCM 框架基于上一个时间步的动态社区结构，这很可能会将噪声引入当前时间步的动态检测。因此，PCM 下的 GrENMF 算法的准确性部分取决于前一时

间步的社区质量。但是，要指出的是，GrENMF-PCQ和GrENMF-PCM算法之间的差异远小于sE-NMF算法，其最大差异为6.37%（而sE-NMF的为41.02%[67]）。这些结果表明，正则化策略提高了ENMF算法的鲁棒性。

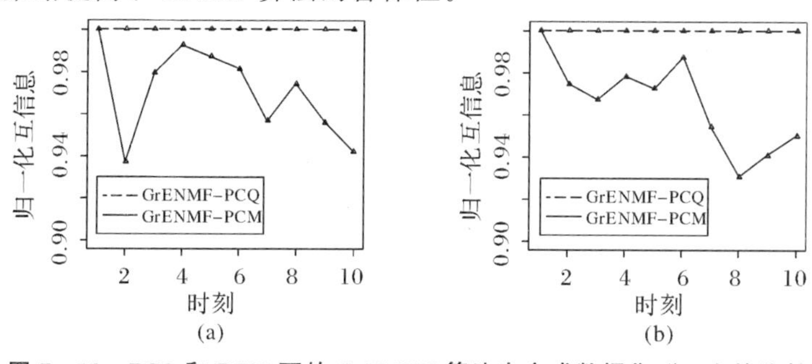

图7-10 PCQ和PCM下的GrENMF算法在合成数据集♯1上的比较

(a)$z=3$的SYN-VAR网络；(b)$z=5$的SYN-VAR网络

关于第二个问题，本节研究了GrENMF-PCQ和GrENMF-PCM算法在什么情况下具有相似的性能。为了检查网络的动态性是否有助于性能差异，通过使用各种网络进行比较。网络的动态性涉及两种情况：① 社区数量动态；② 网络的动态拓扑结构。在数据集♯1中，SYN-FIX网络在所有时间步长上都具有相同数量的社区，这意味着社区数量没有动态变化。然后，通过比较SYN-FIX网络的GrENMF-PCQ和GrENMF-PCM算法，如图7-11(a)(b)所示，很容易得出结论，GrENMF-PCQ和GrENMF-PCM之间的差异显著减小，因为最大差异仅仅为2.69%。此外，它们在大多数时间步中具有相同的性能。

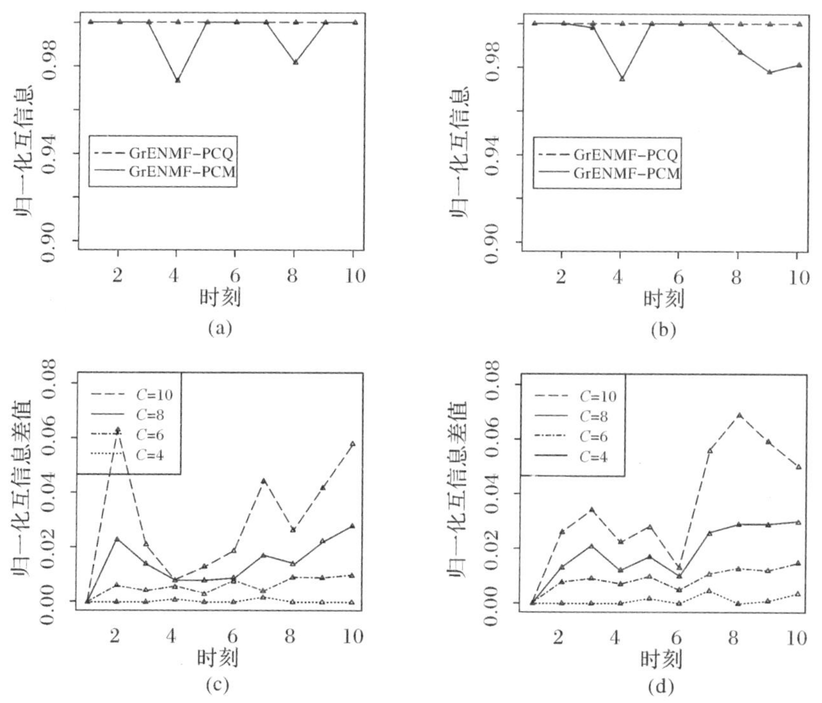

图7-11 PCQ和PCM框架下GrENMF在各种动态网络上的比较

(a)$z=3$的SYN-VAR网络；(b)$z=5$的SYN-VAR网络；

(c)在$z=5$的数据集♯2中的动态网络；(d)在$z=6$的数据集♯2中的动态网络

之后，算法研究拓扑动力学是否影响 GrENMF－PCQ 和 GrENMF－PCM 的性能。采用数据集＃2，研究将 C 从 10 减小到 4 的实验结果。图 7－11(c)描绘了数据集＃2 中动态网络中基于 PCQ 和 PCM 框架下的 GrENMF 算法结果之间的 ΔNMI，其中 $z=5$，归一化互信息差值 $\Delta\text{NMI}=|\text{NMI}_{\text{PCQ}}-\text{NMI}_{\text{PCM}}|$ 是准确性的差异。很容易得出结论，随着 C 值的减小，ΔNMI 减小，这意味着这两种算法在准确性方面越来越接近。当 $C=4$ 时，ΔNMI 小于 0.2％，表明它们具有相似的性能。对于 $z=6$ 的动态网络，也会出现类似的趋势[见(图 7－11(d)]。因此，当网络的动态性变化很大时，建议使用 GrENMF－PCQ，否则两者均可。

7.5 小　　结

动态数据，如流数据、Web、博客数据和疾病进展数据为识别事物的演变模式提供了很好的机会，这将有助于探索整个系统的潜在机制。在本节中，针对网络的动态性问题提出了新的 GrENMF 算法，其中前一个时间步的网络被集成为正则化器。此外，证明了 GrENMF、进化模块化密度、ENMF 和进化谱聚类算法之间的等价性，并扩展了进化聚类算法的理论。最终，在两种不同的框架下分别扩展了 GrENMF 算法，并讨论了如何选择两种不同的框架。

仍然有许多值得研究的问题：

首先，本节并没有研究这两种成本之间的关系。时间成本的重要性由预定义的参数 α 确定。如何根据网络动态性自动确定参数 α 的最优值将会是下一步的研究重点。

其次，动态网络在自然界和社会中无处不在。如何将进化聚类算法应用于具有强背景的动态网络将会是下一步的研究重点。例如，Ma 等[112]使用 ENMF 算法提取了与癌症进展相关的动态途径。此外，通过整合多个异构数据来发现动态模式对揭示生物系统的机制至关重要。

设计有效的方法来解决上述问题将会是进一步的研究方向。

第 8 章　多层网络图聚类联合学习算法

第 7 章对时序网络演化聚类模式进行了挖掘与分析，其假设前提是每层网络之间存在前后顺序关系，但是自然界和社会中许多系统的前后网络之间不存在前后顺序关系。比如，在社交网络中，个体通过不同的方式，如邮件、电话等方式进行沟通。将每一种沟通方式看成一层网络，那么每层之间没有顺序关系，即多层网络。如何有效挖掘多层网络图模式对理解复杂系统潜在机制提供了基础。本章的目的在于设计高效的多层网络图聚类算法。本章主要包含背景介绍、相关工作、算法过程与实验结果。

8.1　问题定义

多层网络由多个图组成，即 $G=\{G_1,\cdots,G_\tau\}$，其中 $G_l=\{V_l,E_l\}$ 是第 l 层网络，τ 为网络的层数。本章中假设所有层的节点集是固定的，即 $V_l=V$。多层网络邻接矩阵对应三维矩阵（张量）$\boldsymbol{W}=[W_1,\cdots,W_\tau]\in\mathbf{R}^{n\times n\times\tau}$，其元素 w_{ijl} 表示 G_l 中边 (v_i,v_j) 上的权重。令 $W_{i.}$、$W_{.j}$、W'分别表示矩阵 $\boldsymbol{W}$ 的第 i 行、第 j 列和矩阵 $\boldsymbol{W}$ 的转置。

在第 2 章和第 3 章中，已经对单层网络聚类结构进行了描述和量化。相对于单层网络而言，多层网络聚类结构的定义和量化困难得多，其主要原因在于多层网络聚类需要同时兼顾层内连通性与层间耦合性。

定义 8-1（多层社区/聚类簇）　给定一个多层网络 $G=\{G_1,\cdots,G_\tau\}$，当且仅当 C 所有层中都是高度连通的，即 C 在每一层都呈现出聚类簇结构时，一组节点 $C\subseteq V$ 是多层社区（聚类簇）。

定义 8-2（多层社区检测/聚类）　给定一个多层网络 $G=\{G_1,\cdots,G_\tau\}$，多层社区检测是获得 V 的硬划分 $\{C_i\}_{i=1}^k$，使得在所有层中都是高连通。通过拓展每一层的连通性来量化社区的整体连通性，有

$$Q(G,\{C_i\}_{i=1}^k)=\sum_{l=1}^{\tau}\frac{Q(\{C_i\}_{i=1}^k,G_l)}{\tau} \tag{8-2}$$

式中：$Q(\{C_i\}_{i=1}^k,G_l)$为聚类结构在 G_l 中的连通性。

8.2 相关工作

现有的绝大多数图聚类算法都致力于单层网络挖掘，多层网络挖掘方向的研究较少。多层网络社区检测需要同时考虑层内连通性与层间耦合性。根据耦合层间关系的策略不同，将现有的算法大致分为三类：基于网络转化、一致性聚类和基于多视图的算法。基于压缩的方法通过将多层网络转化成单层网络，再利用经典的单层网络聚类算法，如谱聚类和非负矩阵分解等，在所构建的单层网络进行聚类操作。这些算法的优势在于简单、容易实现，传统的图聚类算法都可直接应用。但是，由于网络转化过程不能保持聚类结构而导致了网络拓扑结构信息丢失严重、聚类分析的准确率低等问题。

为了避免网络转化，基于一致性的聚类算法独立对每层进行聚类分析，然后通过一致性分析对每层聚类簇进行融合以获取多层网络共识社区。这些算法的区别在于如何定义和执行协商一致策略，其优势包括：①避免了多层网络转化所导致的信息丢失；②通过一致性策略探索了各层之间的耦合关系，从而提升聚类结果的准确性。然而，这类算法的缺点在于分离了层内连通性和层间耦合性，从而未考虑层间差异。基于多视图算法将每层视为不同的数据视图，通过不同的策略联合分析各层之间的关系。基于图的多层网络聚类方法通过分析拓扑结构，构造一个单层图，再进行聚类操作[113-115]。例如，聂飞平等人[113]采用自适应局部拓扑结构学习生成公共相似矩阵，也有采用公共图学习的方式[114-115]。

8.3 联合学习算法

本节陈述算法的基本组成，包括目标函数、算法优化、参数选择与算法分析。

8.3.1 目标函数

如图 8－1 所示，MjNMF 由矩阵分解和社区检测两部分组成，其中矩阵分解包括三个过程：联合矩阵分解获取网络各层的拓扑特征，相似度矩阵分解提取节点的指示矩阵，特征与指示矩阵关联平滑。因此，MjNMF 的整体目标函数由三个过程组成。

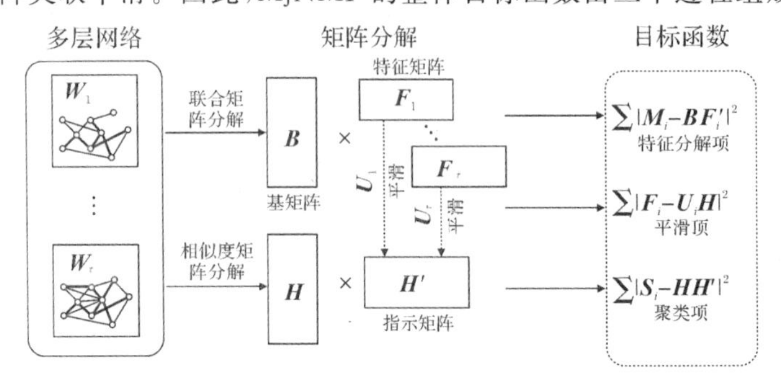

图 8－1 MjNMF 算法框架图

在获取每一层快照的节点特征方面，最直接的方式是利用非负矩阵分解算法独立获得每一层节点特征。

$$\boldsymbol{W}_l \approx \boldsymbol{B}_l \boldsymbol{F}'_l \quad \text{s.t. } \boldsymbol{B}_l \geqslant \boldsymbol{0}, \boldsymbol{F}_l \geqslant \boldsymbol{0} \tag{8-3}$$

式(8-3)可以通过最小化近似程度来求解，即

$$\text{Cost}_{\text{NMF}} = \| \boldsymbol{W}_l - \boldsymbol{B}_l \boldsymbol{F}'_l \|^2, \boldsymbol{B}_l \geqslant \boldsymbol{0}, \boldsymbol{F}_l \geqslant \boldsymbol{0} \tag{8-4}$$

式(8-4)的局限性在于假设网络的每层是相互独立的，忽略了各层之间的关联性。为了解决该问题，通过累加各层之间的近似差异来提取特征，即

$$\text{Cost}_{\text{NMF}} = \sum_l \| \boldsymbol{W}_l - \boldsymbol{B}_l \boldsymbol{F}'_l \|^2 \tag{8-5}$$

式(8-5)中多层网络特征同时提取，层间耦合关系通过每层的近似程度传递给其余层。相比于基于一致性聚类方法，该方法在特征提取的同时兼顾了不同层之间的耦合关系，在一定程度上提高了特征的质量。

然而，上述方式存在两大缺陷：① 各层节点特征以隐含方式传递给其余层，难以进行刻画与控制；② 节点特征通过近似程度来处理层间耦合关系，导致关联性较弱等问题。为了克服这些问题，联合非负矩阵分解算法将所有层投影到一个公共子空间，极大地提高了特征之间的关联性。这里也采取了这一策略，式(8-3)重新表述为

$$\text{Cost}_{\text{NMF}} = \| \boldsymbol{W}_l - \boldsymbol{B}\boldsymbol{F}'_l \|^2$$

式中：$\boldsymbol{B}$ 是公共基矩阵。通过对所有层求和获取联合特征提取的损失。

$$\text{Cost}_{\text{NMF}} = \sum_{l=1}^{\tau} \| \boldsymbol{W}_l - \boldsymbol{B}\boldsymbol{F}'_l \|^2 \tag{8-6}$$

由于式(8-6)采用邻接矩阵进行特征提取，仅考虑了一阶结构，不能充分利用网络的结构。网络通信性利用加权路径来量化节点之间的高阶相似性[116]。

$$\boldsymbol{M}_l = \sum_p \frac{\theta^{p-1} \boldsymbol{W}_l^p}{p!} \tag{8-7}$$

式中：参数 θ 控制相对权重路径；p 是路径的长度。当 $\theta < 1$ 时，可通信性倾向于短路径；当 $\theta > 1$ 时，可通信性倾向于长路径。与邻接矩阵相比，可通信性表征了高阶邻近网络的拓扑结构，对于顶点邻近性的量化更为精确。通过将 $\boldsymbol{W}_l$ 替换为可通信矩阵 $\boldsymbol{M}_l$，式(8-6)重新表述为

$$\text{Cost}(G, \boldsymbol{B}, \boldsymbol{F}_l) = \sum_{l=1}^{\tau} \| \boldsymbol{M}_l - \boldsymbol{B}\boldsymbol{F}'_l \|^2 \tag{8-8}$$

在相似性矩阵分解方面，利用节点的邻域信息对每一层网络构建相似性图。第 l 层中顶点 v_i 与顶点 v_j 的相似性被定义为 s_{ijl}。

$$s_{ijl} = \frac{| N_l(v_i) \cap N_l(v_j) |}{| N_l(v_i) \cup N_l(v_j) |} \tag{8-9}$$

式中：$N_l(v_i)$ 表示第 l 层中顶点 v_i 的邻域。

给定多层网络 G 的社区结构 $\{C_i\}_{i=1}^{k}$，构造指示矩阵 $\boldsymbol{H} \in \mathbf{R}^{n \times k}$，其中元素 h_{ij} 表示顶点

v_i 属于社区 C_j 的概率，同时矩阵满足归一化与非负性 $\boldsymbol{H}_1=\mathbf{1}$ 和 $\boldsymbol{H}\geqslant\mathbf{0}$。矩阵 $\boldsymbol{H}$ 也可以看作是顶点的特征矩阵，其中每一行是对应顶点的特征向量，我们期望矩阵 $\boldsymbol{H}$ 能反映多层网络矩阵的相似性。最后，问题被规约为

$$\mathrm{Cost}(G,\boldsymbol{H})=\sum_{l=1}^{\tau}\|\boldsymbol{S}_l-\boldsymbol{H}\boldsymbol{H}'\|^2 \tag{8-10}$$

在特征与指示矩阵关联平滑方面，需要解决特征矩阵 $\boldsymbol{F}_1,\cdots,\boldsymbol{F}_\tau$ 和 $\boldsymbol{H}$ 之间的关联关系。最直接的策略是使用指示矩阵 $\boldsymbol{H}$ 平滑特征矩阵 $\boldsymbol{F}_l$。

$$\mathrm{Cost}(\boldsymbol{F}_l,\boldsymbol{H})=\sum_{l=1}^{\tau}\|\boldsymbol{F}_l-\boldsymbol{H}\|^2 \tag{8-11}$$

然而，这种策略忽略了每一层的特异性信息，将式(8-11)重写为

$$\mathrm{Cost}(\boldsymbol{F}_l,\boldsymbol{H})=\sum_{l=1}^{\tau}\|\boldsymbol{F}_l-\boldsymbol{U}_l\boldsymbol{H}\|^2 \tag{8-12}$$

通过结合式(8-8)、式(8-10)和式(8-12)，MjNMF 的目标函数规约为

$$\begin{aligned}O&=\mathrm{Cost}(G,\boldsymbol{B},\boldsymbol{F}_l)+\alpha\mathrm{Cost}(G,\boldsymbol{H})+\beta\mathrm{Cost}(\boldsymbol{F}_l,\boldsymbol{H})\\&=\sum_{l=1}^{\tau}\|\boldsymbol{M}_l-\boldsymbol{B}\boldsymbol{F}'_l\|^2+\alpha\sum_{l=1}^{\tau}\|\boldsymbol{S}_l-\boldsymbol{H}\boldsymbol{H}'\|^2+\beta\sum_{l=1}^{\tau}\|\boldsymbol{F}_l-\boldsymbol{U}_l\boldsymbol{H}\|^2\end{aligned} \tag{8-13}$$

式中：参数 α 和 β 分别决定相似度和平滑度的重要性。

8.3.2 算法优化

由于非凸性导致目标函数无法直接优化，采用交替迭代优化策略来优化，即通过固定其他变量来优化某个变量，交替进行，直到算法收敛。

优化矩阵 $\boldsymbol{B}$，通过固定 $\boldsymbol{F}_l$、$\boldsymbol{H}$ 和 $\boldsymbol{U}_l$，算法目标函数归约为

$$\min_{\boldsymbol{B}\geqslant\mathbf{0}}\sum_{l=1}^{\tau}\|\boldsymbol{M}_l-\boldsymbol{B}\boldsymbol{F}'_l\|^2 \tag{8-14}$$

式(8-14)的拉格朗日函数为

$$\mathcal{L}(\boldsymbol{B})=\sum_{l=1}^{\tau}\|\boldsymbol{M}_l-\boldsymbol{B}\boldsymbol{F}'_l\|^2+\mathrm{Tr}\,(\Theta\boldsymbol{B}') \tag{8-15}$$

式中：$\Theta=(\theta_{ij})$ 是非负约束的拉格朗日乘数，该函数关于矩阵 $\boldsymbol{B}$ 的偏导数为

$$\frac{\partial\mathcal{L}(\boldsymbol{B})}{\partial\boldsymbol{B}}=\sum_{l=1}^{\tau}\boldsymbol{M}_l\boldsymbol{F}_l-\sum_{l=1}^{\tau}\boldsymbol{B}\boldsymbol{F}'_l\boldsymbol{F}_l \tag{8-16}$$

根据卡鲁什-库恩-塔克(KKT)条件，通过设置 $\frac{\partial\mathcal{L}(\boldsymbol{B})}{\partial\boldsymbol{B}}=0$ 获取矩阵 $\boldsymbol{B}$ 的更新规则：

$$\boldsymbol{B}\leftarrow\boldsymbol{B}\frac{\sum_{l=1}^{\tau}\boldsymbol{M}_l\boldsymbol{F}_l}{\sum_{l=1}^{\tau}\boldsymbol{B}\boldsymbol{F}'_l\boldsymbol{F}_l} \tag{8-17}$$

类似地，矩阵 $\boldsymbol{F}_l$ 的更新规则如下：

$$\boldsymbol{F}_l \leftarrow \boldsymbol{F}_l \frac{\boldsymbol{M}'_l\boldsymbol{B} + \beta\boldsymbol{U}_l\boldsymbol{H}}{\boldsymbol{B}'\boldsymbol{B} + \beta\boldsymbol{F}_l} \tag{8-18}$$

优化矩阵 $\boldsymbol{H}$,通过固定 $\boldsymbol{B}$、$\boldsymbol{F}_l$ 和$\boldsymbol{U}_l$,算法目标函数归约为

$$\min_{\boldsymbol{H}\geqslant\boldsymbol{0},\boldsymbol{H}_1=\boldsymbol{1}} \alpha\sum_{l=1}^{\tau} \|\boldsymbol{S}_l - \boldsymbol{H}\boldsymbol{H}'\|^2 + \beta\sum_{l=1}^{\tau} \|\boldsymbol{F}_l - \boldsymbol{U}_l\boldsymbol{H}\|^2 \tag{8-19}$$

需要指出的是等式约束 $\boldsymbol{H}_1 = \boldsymbol{1}$ 使得式(8-19)具有非凸性。为了解决这个问题,将等式约束放松成正交约束,即 $\boldsymbol{H}'\boldsymbol{H} = \boldsymbol{I}$,其中 $\boldsymbol{I}$ 是单位矩阵。式(8-19)进一步归约为

$$\min_{\boldsymbol{H}\geqslant\boldsymbol{0}}\alpha\sum_{l=1}^{\tau} \|\boldsymbol{S}_l - \boldsymbol{H}\boldsymbol{H}'\|^2 + \beta\sum_{l=1}^{\tau} \|\boldsymbol{F}_l - \boldsymbol{U}_l\boldsymbol{H}\|^2 + \lambda\|\boldsymbol{H}'\boldsymbol{H} - \boldsymbol{I}\|^2 \tag{8-20}$$

式中:参数 λ 确保满足正交条件。通过将$\mathcal{L}(\boldsymbol{H})$ 对 $\boldsymbol{H}$ 的导数设为 0,矩阵 $\boldsymbol{H}$ 的更新规则推导为

$$\boldsymbol{H} \leftarrow \boldsymbol{H} \frac{2\alpha\sum_{l=1}^{\tau}\boldsymbol{S}_l\boldsymbol{H} + \beta\sum_{l=1}^{\tau}\boldsymbol{U}'_l\boldsymbol{F}_l + 2\lambda\boldsymbol{H}}{2(\alpha\tau + \lambda)\boldsymbol{H}\boldsymbol{H}'\boldsymbol{H} + \beta\sum_{l=1}^{\tau}\boldsymbol{U}'_l\boldsymbol{U}_l\boldsymbol{H}} \tag{8-21}$$

为了更新$\boldsymbol{U}_l$,删除不相关项,将式(8-13)中的目标函数转换为

$$\min \mathcal{L}(\boldsymbol{U}) = \beta\sum_{l=1}^{\tau} \|\boldsymbol{F}_l - \boldsymbol{U}\,\boldsymbol{U}_l\boldsymbol{H}\|^2 \tag{8-22}$$

通过设置导数 $\partial\mathcal{L}(\boldsymbol{U})/\partial\boldsymbol{U}_l = \boldsymbol{0}$ 获得$\boldsymbol{U}_l$ 的更新规则为

$$\boldsymbol{U}_l \leftarrow \boldsymbol{U}_l \frac{\boldsymbol{F}_l\boldsymbol{H}'}{\boldsymbol{U}_l\boldsymbol{H}\boldsymbol{H}'} \tag{8-23}$$

8.3.3 参数选择

表 8-1 为 MjNMF 算法过程图。MjNMF 包含 5 个参数,其中参数 θ 是短路径的权重,p 是路径的长度,k 表示社区的数量,参数 α 和 β 决定相似度和平滑度的权重。前期研究表明 $\theta = 0.618$ 和 $p = 3$ 是合适的选择[117],根据经验设置参数 α 和 β 的值。

确定特征的数量对机器学习来说是一个挑战。近年来,矩阵分解的不稳定性[105] 在参数 k 的选择中有着广阔的应用前景。具体来说,NMF 运行 ι 次以获得基矩阵 $\{\boldsymbol{B}_1,\cdots,\boldsymbol{B}_l\}$。给定基矩阵 $\boldsymbol{B}_i$ 和 $\boldsymbol{B}_j$,其距离测量定义为

$$\text{dist}\ (\boldsymbol{B}_i,\boldsymbol{B}_j) = \frac{1}{2k}\Big(2k - \sum_j \max\boldsymbol{E}_{.j} - \sum_i \max\boldsymbol{E}_{i.}\Big) \tag{8-24}$$

矩阵 $\boldsymbol{E} \in \mathbf{R}^{k\times k}$ 由元素 e_{gh} 构成,且元素 e_{gh} 是 $\boldsymbol{B}_i$ 和 $\boldsymbol{B}_j$ 中 g 和 h 列的相关性。不稳定性定义为

$$\Upsilon(k) = \frac{2}{\iota(\iota - 1)}\sum_{1\leqslant i<j\leqslant\iota}\text{dist}(\boldsymbol{B}_i,\boldsymbol{B}_j) \tag{8-25}$$

k 对应于最小 $\Upsilon(k)$ 作为社区的数量。

表 8-1 MjNMF 算法流程图

算法 8.1 MjNMF 算法
输入:
G:多层网络。
k:社区数量。
α,β:相似度和平滑度的权重。
输出:
$\{C_i\}_{i=1}^{k}$:图 G 中的社区。
1. 用随机抽样初始化矩阵 $\boldsymbol{B}$、$\boldsymbol{H}$、$\boldsymbol{F}_l$ 和 $\boldsymbol{U}_i$。
2. 固定 $\boldsymbol{H}$、$\boldsymbol{F}$ 和 $\boldsymbol{F}_l$,根据式(8-17) 更新矩阵 $\boldsymbol{B}$。
3. 固定 $\boldsymbol{B}$、$\boldsymbol{H}$ 和 $\boldsymbol{U}_l$,根据式(8-18) 更新矩阵 $\boldsymbol{F}_l$。
4. 固定 $\boldsymbol{B}$、$\boldsymbol{F}_l$ 和 $\boldsymbol{U}_l$,根据式(8-21) 更新矩阵 $\boldsymbol{H}$。
5. 固定 $\boldsymbol{B}$、$\boldsymbol{H}$ 和 $\boldsymbol{F}_l$,根据式(8-23) 更新矩阵 $\boldsymbol{U}_l$。
6. 转到步骤 2,直到达到终止标准。
7. 使用 $\boldsymbol{h}$ 获得$\{C_i\}_i^k = \mathbf{1}$。
8. 返回$\{C_i\}_i^k = \mathbf{1}$。

8.3.4 算法分析

在空间复杂度方面,需要空间 $O(n^2\tau)$来存储 G。多层网络的相似矩阵和特定结构矩阵$\boldsymbol{U}_i$ 的空间是 $O(2n^2\tau)$。基矩阵、特征矩阵和指示矩阵的空间为 $O[nk(\tau+2)]$。因此,MjNMF 的总空间复杂度为 $O(3n^2\tau)+O[nk(\tau+2)]=O(n^2\tau)$,表明所提出算法在空间上是有效的。

在时间复杂度方面,为每一层构造相似矩阵的时间复杂度为 $O(n^2)$。每层矩阵分解的时间为 $O(n^2k)$,其中 ι 是迭代次数。因此,MjNMF 的时间复杂度为 $O(n^2k\iota\tau)+O(n^2\tau)=O(n^2k\iota\tau)$,与非负矩阵分解的时间复杂度相同。

8.4 实验结果

利用 4 个数据集、13 种基准算法来充分验证该算法的性能。

8.4.1 数据集与性能指标

利用人工与真实多层网络来验证算法的准确性与效率,统计数据见表 8-2,其中多层网络 ANM-Ⅰ 和 ANM-Ⅱ 来源于 LFR 标准测试集[118],包含 1 000 个节点、5 层网络和 125 672 条边。真实网络 BBC(British Broadcasting Corporation) 由 685 个文档和 18 643 条关联关系,每个文档分为 4 个部分进行注释,Amazon 网络由 11 000 个顶点、186 590 条边和 4 层组成。

表8-2 多层网络数据集

	网　络	节　点	边	层
人工网络	ANM-Ⅰ	1 000	125 672	5
	ANM-Ⅱ	1 000	125 672	5
真实网络	BBC	685	18 672	4
	Amazon	11 000	186 590	4

本章采用了4种测度来全面量化算法的性能：当社区结构未知时，选择聚类簇的平均密度；当社区结构已知时，选择归一化互信息(NMI)[119]和准确度。具体来说，给定真实与预测的聚类结构 C^* 和 C，构建混淆矩阵 $\mathbf{N}\in\mathbf{R}^{|C^*|\times|C|}$，其中 n_{ij} 表示 C_i^* 和 C_j 之间重叠顶点的数量。NMI定义为

$$\mathrm{NMI}(C,C^*)=\frac{-2\sum_{i=1}^{|C|}\sum_{j=1}^{|C^*|}N_{ij}\,\mathrm{lb}\,\frac{N_{ij}\mathbf{N}}{N_{i.}N_j}}{\sum_{i=1}^{|C|}N_{i.}\,\mathrm{lb}\,\frac{N_{i.}}{\mathbf{N}}+\sum_{j=1}^{|C^*|}N_{.j}\,\mathrm{lb}\,\frac{N_j}{\mathbf{N}}} \tag{8-26}$$

召回率量化 C_i^* 中 C_j 公共节点的占比为

$$R(C_i^*,C_j)=\frac{|C_i^*\cap C_j|}{|C_j|} \tag{8-27}$$

精度是 C_j 中顶点与 C_i^* 重叠的百分比为

$$P(C_i^*,C_j)=\frac{|C_i^*\cap C_j|}{|C_i^*|} \tag{8-28}$$

F-分数[120]定义为

$$F(C^*,C)=\sum_{i=1}\sum_{j=1}2\cdot\frac{P(C_i^*,C_j)*R(C_i^*,C_j)}{P(C_i^*,C_j)+R(C_i^*,C_j)} \tag{8-29}$$

ARI[121]定义为

$$\mathrm{ARI}(C^*,C)=\frac{\sum_{e,t}\binom{m_{et}}{2}-\frac{\left[\sum_e\binom{m_e}{2}\sum_t\binom{m_t}{2}\right]}{\binom{m}{2}}}{\frac{1}{2}\left[\sum_e\binom{m_e}{2}+\sum_t\binom{m_t}{2}\right]-\frac{\left[\sum_e\binom{m_e}{2}\sum_t\binom{m_t}{2}\right]}{\binom{m}{2}}} \tag{8-30}$$

式中：m 是节点总数；m_e 和 m_t 分别是估计的簇 e 和真实簇 t 中的节点数；m_{et} 是估计的群集 e 和真实群集 t 共享的节点数。ARI的范围为0～1，其中1表示估计的群集与真实群集完全相同，而0表示两个群集完全不同。

设 ω_i 和 c_i 分别为簇和类标签。准确度定义为

$$ACC = \frac{\sum_i \delta[c_i, \text{map}(\omega_i)]}{n} \quad (8-31)$$

式中：当 $a=b$ 时，$\delta(a,b)=1$，否则为 0；map (ω_i) 是将簇标签映射到类标签的置换函数，最佳匹配可通过 Kuhn-Munkres 算法获得。

8.4.2 对比算法

选择 13 种典型方法作为基准算法，包括 conNMF、conSC、MvNMF、MvGNMF、MvCNMF[122]、CoregSC[123]、GBS、MVGL[124]、S2jNMF、OLMF、CRSC[125]、GMC[126] 和 LMSC。

conNMF、conSC 隶属于一致性聚类，分别采用非负矩阵分解与谱聚类对每一层进行聚类分析。MvNMF、MvGNMF、MvCNMF 属于多视图聚类方法，分别采用原始特征、局部拓扑结构与不完整信息进行跨层耦合。CoregSC 通过正则化来自公共一致性特征向量的成对特征信息来扩展谱聚类。GBS、GMC 是基于图学习模型，通过分析多层网络拓扑结构构建节点相似性网络，对构建网络进行聚类分析。S2jNMF、LMF、OLMF 都是基于矩阵分解算法来提取特征，利用不同的策略来融合层特征，而 LMSC 是一种子空间聚类算法，从多个层次上寻找共同的潜在结构，比单层信息更全面。

8.4.3 参数分析

MjNMF 主要涉及 α 与 β 两个参数，它们分别决定相似度和平滑度的重要程度。我们对参数 α 与 β 进行参数分析，通过固定其他参数来研究某个参数对 MjNMF 算法性能的影响。

以人工网络为数据，研究参数如何影响 MjNMF 的精度。图 8-2(a)展示算法的准确率随参数 α 取值不同的变化。当参数 α 从 0.5 增加到 1.0 时，MjNMF 的准确率显著提高；当参数 α 从 1.0 增加到 5.0 时，MjNMF 的准确率逐渐降低。其原因是，当 α 较小，相似度重要程度不高时，拓扑特征不能有效地刻画多层网络聚类结构；当 α 较大时，层相似度将主导目标函数，从而导致不理想的性能；当 $\alpha=1$ 时，MjNMF 达到最佳平衡状态。图 8-2(b)表明用归一化互信息替换准确率，参数 α 对算法性能的影响趋势基本一致，表明算法对度量指标的选择不敏感。参数 β 如何影响 MjNMF 性能如图 8-2 所示，其中图 8-2(c)表示算法准确率的变化情况，图 8-2(d)表示算法归一化互信息的变化情况。随着参数 β 从 0.5 增加到 3.0，MjNMF 的准确率也会提高。随着参数 β 从 3.0 增加到 5.0，MjNMF 的准确率降低。当 $\beta=3$ 时，MjNMF 的性能最佳。这种倾向可以用以下原因来解释：当 β 较小时，网络各层的平滑度无法恰当地处理各层之间的关系；当 β 较大时，目标函数受平滑度主导，忽略节点的特征，导致准确率较低；当 $\beta=3$ 时，特征提取和聚类达到良好的平衡，从而获得最佳性能。因此，参数设置为 $\alpha=1$，$\beta=3$。

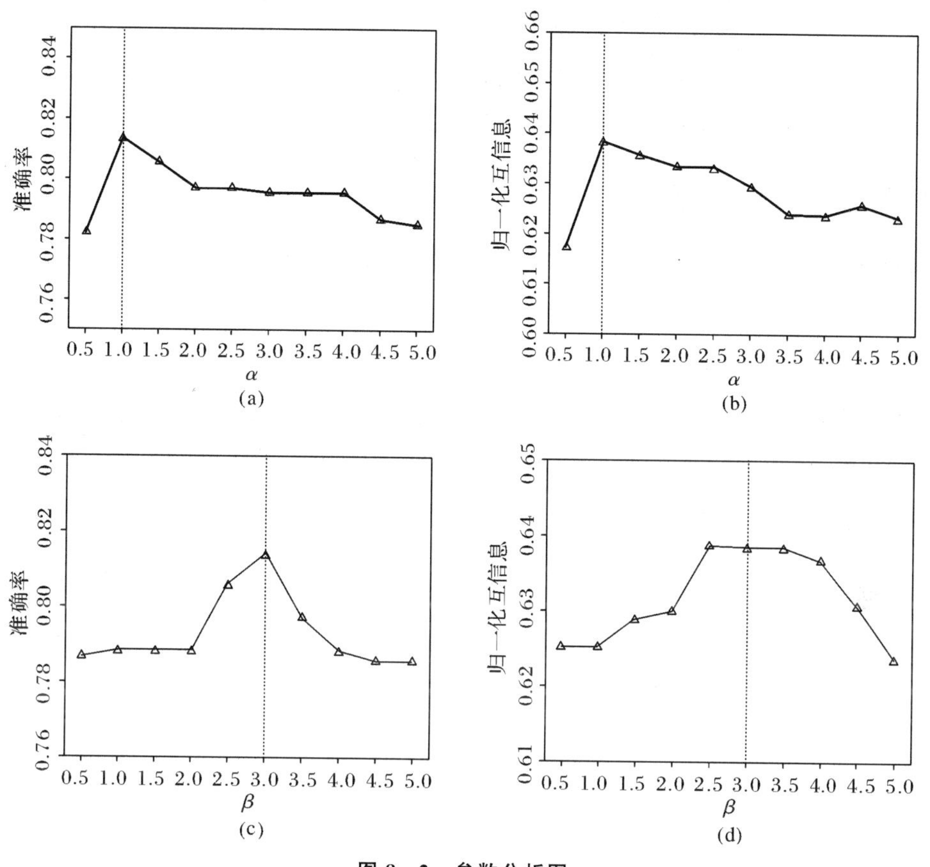

图 8－2 参数分析图

8.4.4 准确性分析

人工多层网络来源于标准测试数据集 LFR[118]，采用参数 η 来控制噪声水平。具体来说，η 对应每一个节点边中连接其余聚类簇的百分比，当 η 较大时，会导致聚类簇结构模糊。通过调整参数 η 来生成同质和异质网络，其中同质网络中每层参数 η 是固定的，而在异构网络中 η 是变化的。具体来说，η 在同质网络中从 0.1 增加到 0.3，间隙为0.05，对于两层，η 固定为 0.1。

各算法在同质网络的性能如图 8－3 所示，其中图 8－3(a)～(d)分别表示准确率、归一化互信息、ARI 与 F－分数。图 8－3 显示随着参数 η 从 0.1 增加到 0.3，所有算法的性能都显著降低。其原因在于当 η 较小时，多层网络类簇结构明显、易于检测。随着 η 的增加，结构变得模糊，导致聚类分析准确性剧烈下降。各算法在异质网络的性能如图8－4 所示，其中图 8－4(a)～(d)分别表示准确率、归一化互信息、ARI 与 F－分数。图 8－4 显示了随着参数 η 从 0.1 增加到 0.3，所有算法的性能都显著降低。

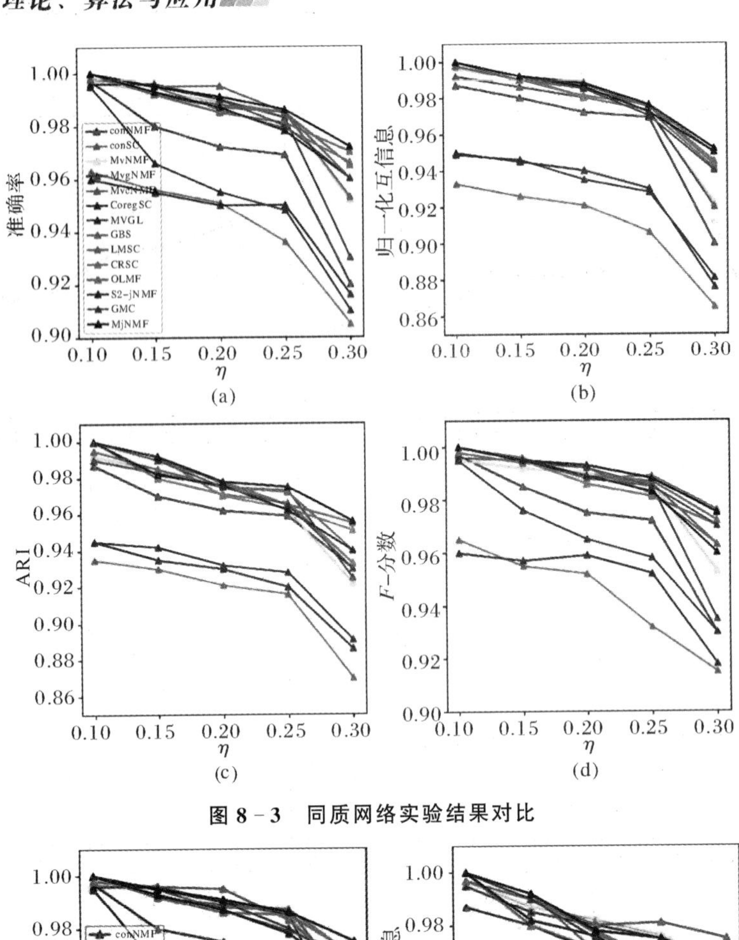

图 8-3　同质网络实验结果对比

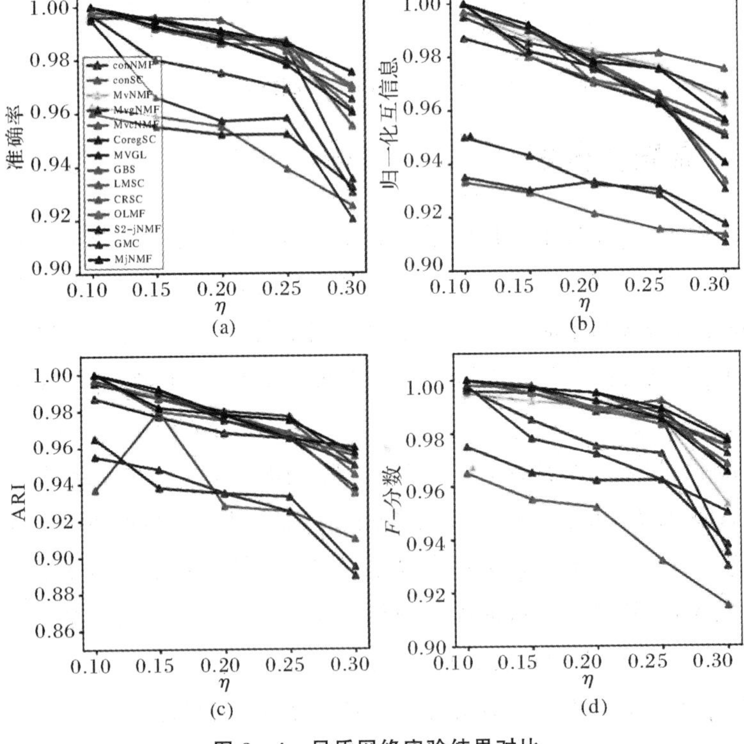

图 8-4　异质网络实验结果对比

图 8－3 和图 8－4 之间的比较表明异质网络中的社区更容易检测，原因在于异质网络中有一层网络的参数 η 固定为 0.1。尽管谱聚类算法在单层网络中具有优异的性能，但 CoregSC、conSC 和 MVGL 的性能最差，表明谱不能充分表征多层网络。从图 8－3 和图 8－4 可以看出，MjNMF 实现了最佳性能。利用准确率替换归一化互信息，同样的趋势重复出现，表明算法对度量指标的选择不敏感。三个原因可以解释所提出算法获得最佳性能：①MjNMF 利用了网络的全局和局部结构信息，这些信息准确地描述了社区的结构。②MjNMF联合学习各个层之间的特征，这个过程会产生更多的判别特征。③MjNMF 通过矩阵分解获得潜在特征。

8.4.5 算法的收敛性和效率

MjNMF 的收敛性和运行时间如图 8－5 所示，其中图 8－5(a)表示算法的收敛速度，图 8－5(b)表示算法的运行时间。图 8－5(a)表明 MjNMF 比 MvNMF 收敛速度快。具体来说，MjNMF 只需要 50 次迭代就能收敛，而 MvNMF 需要 500 次迭代才能收敛。主要原因是联合学习加快了收敛速度，相似特征作为先验信息对算法进行加速[127]。为进一步验证 MjNMF 的效率，在 Amazon 数据集上算法的运行时间如图 8－5(b)所示。一致性聚类算法比基于多视图的方法要快得多，原因在于聚类分析过程中忽略了层之间的耦合关系。MjNMF 比 LMSC、MVGL、GMC、GBS、MvGNMF 和 MvNMF 快，比其他算法慢。这些结果表明，MjNMF 在效率和有效性之间达到了良好的平衡。

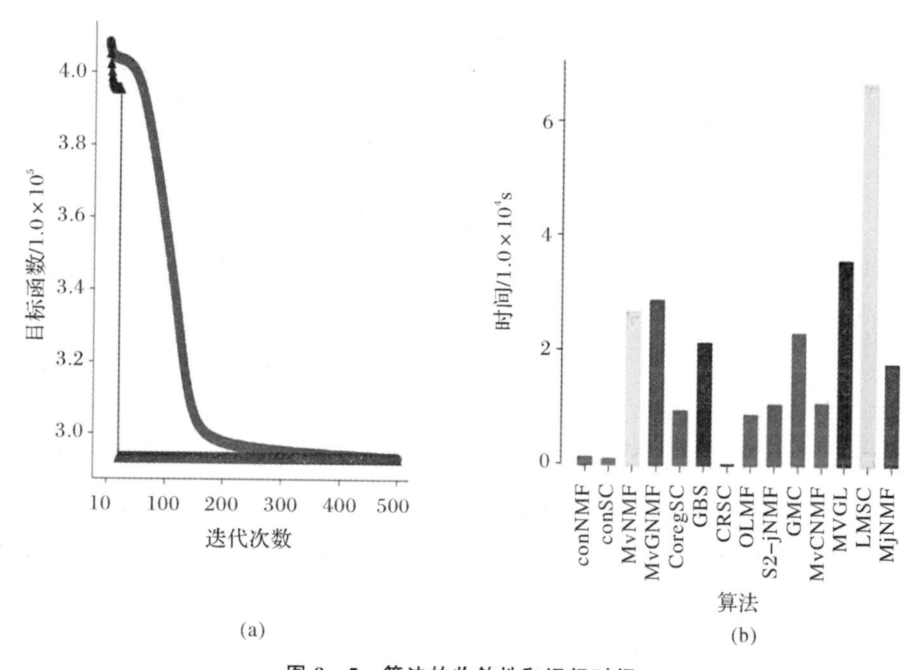

图 8－5 算法的收敛性和运行时间

8.5 小　结

多层网络在社会和自然界中无处不在,系统的复杂性导致计算机无法依赖一种关系对社会和自然界中的问题进行建模。多层网络为利用底层系统的结构和功能,提供了一种新的解决思路。尽管为单层社区开发了许多算法,但多层网络相关方面的研究较少。在这项研究中,笔者提出了一种新的算法(MjNMF),通过整合顶点的低阶和高阶相似性,使用平滑策略处理层之间的关系。大量实验表明,MjNMF 的性能明显优于最先进的方法,意味着联合学习在多层社区检测中是有前途的。

MjNMF 优于最新方法的一个主要原因是它利用了多层网络的拓扑结构和相似度。网络的拓扑特性在多层社区检测中起着至关重要的作用。在这项研究中,邻接关系和路径关系被用来描述多层网络中的社区。然而,许多其他属性很可能是描述和表征多层网络的有力工具。例如,多层网络的邻接矩阵对应一个张量,可以被视为多重线性映射与两个或多个向量空间的积。为此,可以从不同的角度了解各个层的特征,从而提供一种新的策略来识别多层社区。此外,多层网络编码的信息比单层网络编码的信息多得多,并且发现了统计上显著的相关性这可能也有助于分析。在本研究中,各层之间的关系是通过矩阵分解学习的,矩阵分解隐含地利用了各层之间的相关性。发现各层顶点之间的显著相关性,如层间度相关性对提高算法的性能是非常有希望的。例如,Min 等人[128]利用各层顶点之间的关联度来研究多层网络的鲁棒性。他们观察到,相关耦合可以以多种方式影响多层网络的结构鲁棒性。为此,不同层之间的顶点相关性为基于假设社区在所有层的拓扑结构方面都是鲁棒的多层社区识别提供了一种思路。

8.6 拓展阅读

一些尚未解决的问题仍然存在,可以作为进一步的研究方向:

(1)尽管 MjNMF 比现有的方法更有效,但对大规模多层网络来说,其时间复杂度仍然是不可接受的。由于网络规模的急剧增加,因此,算法也需要加速。结构简化可以加快算法的速度,主要挑战是如何在不破坏社区结构的情况下简化网络结构,从而提高算法效率。

(2)缺乏对多层社区的度量指标。现有的方法通过在各个层之间进行平均测量,扩展了单层网络中社区的定义。如何描述和设计多层社区的新度量也很有希望。

(3)现有算法的一个隐含假设是多层网络具有社区结构。实际上,在许多情况下,多层网络中社区结构的存在尚不清楚。自动确定多层社区的存在至关重要。

第9章 癌症属性网络挖掘算法

本书第二部分对图模式的理论模型进行研究，第三部分对不同网络，包括静态网络、时序网络、多层网络图聚类问题进行深入探讨。本章作为第四部分，对图模式挖掘在医学领域的应用进行研究，聚焦癌症属性网络图模式挖掘问题。以癌症基因多组学数据为研究对象，通过构建癌症属性网络，设计面向属性网络的图模式挖掘算法，最后验证所挖掘图模式的生物背景解释。

9.1 引言

图是描述复杂系统的有力工具，生物体作为一种典型的复杂系统，也可利用图进行有效表示。比如说，在癌症网络中基因通常被看作节点，基因之间的生物相互作用则被视为边。癌症网络分析可以揭示复杂系统的关键潜在机制，有助于揭示底层系统的结构和功能。例如：在癌症基因网络中的中心节点更可能成为致病基因，是癌症诊疗的关键生物标记物[129]；基因调控网络中的聚类簇结构对应执行某生物功能的单元，如细胞死亡和信号传导。

研究表明，属性网络更精确地描述和刻画了复杂系统的底层结构，有利于挖掘出更有价值的社团结构。通常来说，网络中至少包含三个不同的维度——结构维度、组成维度和隶属维度，其中结构维度描述节点之间的交互关系，组成维度包含节点属性，隶属维度表示节点的聚类簇成员身份标识。近年来，结合节点属性和网络拓扑结构的聚类算法已成为聚类分析领域的研究热点。第6章引言部分已陈述了典型的静态网络图聚类算法，但是这些方法适用于没有属性信息的复杂网络，原因在于这些算法忽略了网络节点属性，导致了聚类分析的准确性与可解释性低。

因此，属性网络聚类分析需要综合考虑结构维度和组成维度，计算出每一个节点的隶属维度。换言之，在属性网络中挖掘社团结构，需要同时考虑网络的连通性和节点属性。为解决属性网络的聚类分析问题，通过不同策略平衡属性与拓扑结构，研究人员已经提出了多种属性网络聚类分析算法。根据属性与拓扑融合的策略，现有算法可分为三类，包括网络转换、集成分析和概率模型。第一类方法将属性网络转化为加权无属性网络，通过融合节点属性与拓扑关系构建网络，属性网络聚类问题可转换为一般的无属性网络聚类问题，使得传统图聚类算法能直接应用于属性网络社团检测问题。这类算法的缺点在于属性与拓扑融合过程导致结构难以合理刻画，降低了聚类分析的准确性。

为了解决该问题，集成分析方法以对等的地位将结构信息和属性信息结合，进而挖掘出在拓扑结构和节点属性中共享的社团结构。最直观的组合策略是加权线性函数[130]及其变种[131]。概率模型方法通过观察网络的属性和结构构造一个概率图模型来拟合属性网络。例如：Zhou 等[132]基于两个节点的相似属性值越多，通过公共属性节点的路径越多的假设，采用随机游走来识别属性网络聚类簇结构；Liu 等[133]提出了一个利用主题相似性和聚类簇相似度的属性网络社区检测生成模型；Xu 等[129]将属性网络聚类问题转化为一个统计推断问题。

尽管现有属性网络聚类算法能取得不错的效果，并具有一定的实际应用价值，然而，属性网络仍然存在许多未解决的问题。例如，属性和拓扑结构之间的强异构性导致融合难。此外，目前的算法只是通过加权线性函数将网络的属性和结构结合起来，未能充分利用它们之间的关系。最近，大量证据表明联合学习网络参数和结构可以显著提高算法的准确性[134]，为属性网络聚类分析提供了新的思路。

本章聚焦借助属性网络模型来分析癌症基因多组学数据，挖掘癌症关联的图模式，以辅助生物学与医学研究人员进行进一步研究。具体而言，用转录组学数据和蛋白质相互作用信息构建属性网络，进而提出了一种新的基于动态学习的属性网络聚类分析算法。为了避免数据的异质性，利用转录组数据构建了节点相似度网络，并假设具有相似表达模式的基因执行相似的功能。为进一步探索蛋白质相互作用数据和转录组数据之间的联系，使用非负矩阵分解联合分解相似网络和关联网络，并在优化过程中动态更新交互网络，以深入挖掘异质基因组数据之间的关系。本章主要贡献总结如下：

(1)提出了一种利用属性网络对异构基因组数据进行综合分析的算法，该算法可以作为可拓展的异构基因组数据分析通用框架。

(2)通过将属性的特征动态地整合到蛋白质交互网络的拓扑结构中，深入探索了节点属性和网络拓扑结构的关联关系，提高了算法的准确性。

(3)实验结果表明，与现有代表性基准算法相比，所提出的算法显著地提高了挖掘的准确性。

9.2 问题定义

给定属性网络 $G=\{V,E,S\}$，其中，节点集合 $V=\{v_1,\cdots,v_n\}$ (n 表示网络中节点的数量)，边集合 $E\subseteq V\times V$ 和属性集合 $S=\{s_1,\cdots,s_n\}\in\mathbf{R}^{n\times m}$ (m 表示属性数量)。属性网络聚类任务是获取节点集 V 的硬划分 $C=\{C_1,\cdots,C_k\}$，使得隶属于同一聚类簇的节点满足拓扑和属性一致性要求。传统非属性网络聚类将各个节点划分到不同簇时，仅要求同一簇的节点之间关联紧密，不同簇之间的节点连接稀疏。而在属性网络聚类问题中，除节点关联紧密的要求之外，还希望同一簇的节点属性相似度较高。

9.3 属性网络聚类算法

本节依次描述算法的目标函数、算法优化、参数选择与算法分析。

9.3.1 目标函数

NMF－DEC(Nonnegative Matrix Factorization with Dynamic Evolutionary Clustering)算法示意图如图 9－1 所示,由四个主要部分组成:相似网络构建、基于联合矩阵分解的特征提取、拓扑结构的动态更新和模块检测。NMF－DEC 算法将图节点属性转换成网络,从而克服属性与拓扑结构异质性问题。利用 Pearson 相关系数的绝对值计算节点对属性特征之间的关联性,作为相似网络边上的权重。

在特征提取方面,由于属性网络兼顾属性和拓扑结构,最直接的方式是分别对相似性与邻接矩阵进行分解获取特征(见第 8 章算法部分)。但是这种策略忽略了属性与拓扑之间的关联性,导致了特征关联性弱。为了解决该问题,采用联合矩阵分解方式,即属性相似矩阵分解代价(Cost_A)和拓扑分解代价(Cost_W),表示为

$$\mathrm{Cost}=\mathrm{Cost}_W+\beta\,\mathrm{Cost}_A \tag{9-1}$$

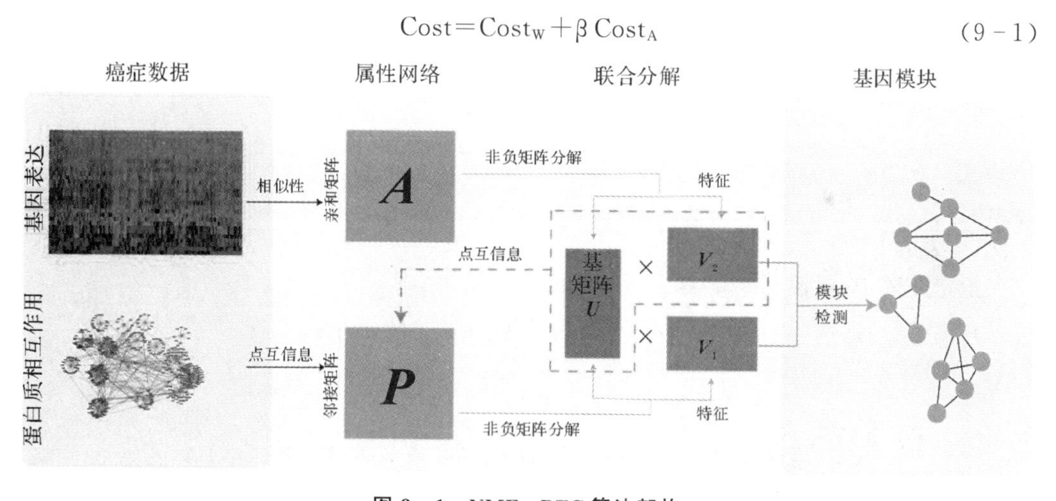

图 9－1 NMF－DEC 算法架构

其中参数 β 控制属性的相对重要性。直观地说,NMF－DEC 算法利用非负矩阵分解方法分别对邻接矩阵与属性矩阵进行分解,以获取节点拓扑特征和属性特征,即有

$$\mathrm{Cost}_W=\|\boldsymbol{W}-\boldsymbol{U}_1\boldsymbol{V}_1\|^2 \tag{9-2}$$

$$\mathrm{Cost}_A=\|\boldsymbol{A}-\boldsymbol{U}_2\boldsymbol{V}_2\|^2 \tag{9-3}$$

式(9－2)和式(9－3)独立分解拓扑和相似矩阵,忽略它们之间的关系。与第 8 章类似,采用联合空间的方式加强属性与拓扑之间的关联关系,即

$$\mathrm{Cost}_W=\|\boldsymbol{W}-\boldsymbol{U}\boldsymbol{V}_1\|^2 \tag{9-4}$$

$$\mathrm{Cost}_{\mathrm{A}} = \| \boldsymbol{A} - \boldsymbol{U}\boldsymbol{V}_2 \|^2 \tag{9-5}$$

则式(9 - 1)可以重写为

$$\mathrm{Cost} = \| \boldsymbol{W} - \boldsymbol{U}\boldsymbol{V}_1 \|^2 + \beta \| \boldsymbol{A} - \boldsymbol{U}\boldsymbol{V}_2 \|^2 \tag{9-6}$$

然而，式(9 - 6)有两个局限性：$\boldsymbol{W}$ 只刻画一阶拓扑结构，不能捕捉到节点之间高阶关系。可利用点互信息矩阵[135]克服该问题，其定义为

$$p_{ij} = \max\left\{ \mathrm{lb}\, \frac{w_{ij} d}{d_i d_j} - \kappa, 0 \right\} \tag{9-7}$$

式中：κ 是负样本数；d_i 表示节点 v 的度，$d = \sum_i d_i$。式(9 - 4)被转换为

$$\mathrm{Cost}(\boldsymbol{U}, \boldsymbol{V}_1) = \| \boldsymbol{P} - \boldsymbol{U}\boldsymbol{V}_1 \|^2 \tag{9-8}$$

另外，基矩阵无约束使得解空间过大。采用 L2 范数约束基矩阵 $\boldsymbol{U}$，则式(9 - 6)规约为

$$\mathrm{Cost} = \| \boldsymbol{P} - \boldsymbol{U}\boldsymbol{V}_1 \|^2 + \beta \| \boldsymbol{A} - \boldsymbol{U}\boldsymbol{V}_2 \|^2 + \alpha \| \boldsymbol{U} \|^2 \tag{9-9}$$

式中：参数 α 控制 L2 范数正则化的影响。

在网络拓扑的动态更新上，利用矩阵 $\boldsymbol{U}$ 和 $\boldsymbol{V}_1$ 重构属性相似网络 $\boldsymbol{Q} = \boldsymbol{U}\boldsymbol{V}_1$。然后利用邻接矩阵 $\boldsymbol{P}$ 来度量重构网络 $\boldsymbol{Q}$。采用带负采样的 Skip - gram[136]来获得最佳的 P，定义为

$$L(i,j) = w_{ij}\, \mathrm{lb}\sigma(p_{ij}) + \kappa \frac{d_i^{[Q]} d_j^{[Q]}}{\sum_{b=1}^{n} d_l^{[Q]}} \mathrm{lb}\sigma(-p_{ij}) \tag{9-10}$$

式中：$\sigma(x) = \frac{1}{1+\mathrm{e}^{-x}}$ 和 $d_i^{[Q]}$ 表示矩阵 $\boldsymbol{Q}$ 的节点 v_i 的阶数。

给定矩阵 $\boldsymbol{P}$，属性网络聚类分析目标函数规约为

$$\left.\begin{aligned} &\min_{\boldsymbol{U},\boldsymbol{V}_1,\boldsymbol{V}_2} \| \boldsymbol{P} - \boldsymbol{U}\boldsymbol{V}_1 \|^2 + \beta \| \boldsymbol{A} - \boldsymbol{U}\boldsymbol{V}_2 \|^2 + \alpha \| \boldsymbol{U} \|^2 \\ &\mathrm{s.t.}\ \boldsymbol{U} \geqslant \boldsymbol{0}, \boldsymbol{V}_1 \geqslant \boldsymbol{0}, \boldsymbol{V}_2 \geqslant \boldsymbol{0} \\ &L(i,j)\,(i,j \in \{1,\cdots,n\}) \end{aligned}\right\} \tag{9-11}$$

所提出的算法交替优化式(9 - 10)和式(9 - 11)，动态探索属性相似网络与关联特征。通过该策略将属性网络聚类分析问题转化为两阶段优化问题。

9.3.2 算法优化

类似于第 8 章，同样采用交替优化的方式对目标函数进行优化。

关于 $\boldsymbol{U}$、$\boldsymbol{V}_1$ 和 $\boldsymbol{V}_2$ 的更新规则，通过固定矩阵 $\boldsymbol{P}$ 并消除不相关的项，式(9 - 10)规约为

$$\begin{aligned} L(\boldsymbol{U}, \boldsymbol{V}_1, \boldsymbol{V}_2) = {} & \| \boldsymbol{U}\boldsymbol{V}_1 \|^2 + \beta \| \boldsymbol{U}\boldsymbol{V}_2 \|^2 + \alpha \| \boldsymbol{U} \|^2 - \\ & 2[\mathrm{Tr}(\boldsymbol{U}'\boldsymbol{P}\boldsymbol{V}'_1) + \beta \mathrm{Tr}(\boldsymbol{U}'\boldsymbol{A}\boldsymbol{V}'_2)] \end{aligned} \tag{9-12}$$

$L(\boldsymbol{U},\boldsymbol{V}_1,\boldsymbol{V}_2)$关于$\boldsymbol{U}$、$\boldsymbol{V}_1$和$\boldsymbol{V}_2$的偏导数可规约为

$$\frac{\partial L}{\partial \boldsymbol{U}}=-(\boldsymbol{P}\boldsymbol{V}'_1+\beta \boldsymbol{A}\boldsymbol{V}'_2)+\boldsymbol{U}\boldsymbol{V}_1\boldsymbol{V}'_1+\beta \boldsymbol{U}\boldsymbol{V}_2\boldsymbol{V}'_2+\alpha \boldsymbol{U} \tag{9-13}$$

$$\frac{\partial L}{\partial \boldsymbol{V}_1}=\boldsymbol{U}'\boldsymbol{U}\boldsymbol{V}_1-\boldsymbol{U}'\boldsymbol{P} \tag{9-14}$$

$$\frac{\partial L}{\partial \boldsymbol{V}_2}=\boldsymbol{U}'\boldsymbol{U}\boldsymbol{V}_2-\boldsymbol{U}'\boldsymbol{A} \tag{9-15}$$

根据KKT(Karush-Kuhn-Tucker)[137]条件,$\boldsymbol{U}$、$\boldsymbol{V}_1$和$\boldsymbol{V}_2$的更新规则推导为

$$\boldsymbol{U}=\boldsymbol{U}\odot\frac{\boldsymbol{P}\boldsymbol{V}'_1+\beta \boldsymbol{A}\boldsymbol{V}'_2}{\boldsymbol{U}\boldsymbol{V}_1\boldsymbol{V}'_1+\beta \boldsymbol{U}\boldsymbol{V}_2\boldsymbol{V}'_2+\alpha \boldsymbol{U}} \tag{9-16}$$

$$\boldsymbol{V}_1=\boldsymbol{V}_1\odot\frac{\boldsymbol{U}'\boldsymbol{P}}{\boldsymbol{U}'\boldsymbol{U}\boldsymbol{V}_1} \tag{9-17}$$

$$\boldsymbol{V}_2=\boldsymbol{V}_2\odot\frac{\boldsymbol{U}'\boldsymbol{A}}{\boldsymbol{U}'\boldsymbol{U}\boldsymbol{V}_2} \tag{9-18}$$

式中:$\odot$表示元素的积。

对于矩阵$\boldsymbol{P}$的优化规则,文献[138]已给出最优方式:

$$p_{ij}=\max\left\{\lg\frac{w_{ij}\sum_b d_b^{[Q]}}{d_i^{[Q]}d_j^{[Q]}}-\kappa,0\right. \tag{9-19}$$

9.3.3 参数选择

算法涉及k、κ、α、β 4个参数,其中后3个参数根据经验选择的超参数,本节只讨论如何来选择合适的聚类簇数。

本章采用谱理论来选择簇数k[139]。具体而言,邻接矩阵$\boldsymbol{W}$可以分解为特征值和特征向量的积的形式,即

$$\boldsymbol{W}=\sum_{i=1}^{n}\lambda_i\boldsymbol{x}_i\boldsymbol{x}'_i \tag{9-20}$$

式中:λ_i与$\boldsymbol{x}_i$分别为第i个特征值和特征向量。不失一般性地,假设$\lambda_1\geqslant\cdots\geqslant\lambda_n$。聚类簇数确定为

$$\arg\min_k\sqrt{\left\|\sum_{i=1}^{k}\eta_i\boldsymbol{x}_i\boldsymbol{x}'_i\right\|/\|\boldsymbol{W}\|}\geqslant\delta \tag{9-21}$$

式中:δ是一个阈值(通常设置为$\delta=0.55$)。

9.3.4 算法分析

在空间复杂度方面,给定属性网络$G=(\boldsymbol{V},\boldsymbol{E},\boldsymbol{S})$,邻接矩阵$\boldsymbol{P}$和$\boldsymbol{A}$的空间为$O(n^2)$。属性矩阵$\boldsymbol{S}$的空间复杂度为$O(nm)$。对于$\boldsymbol{U}$,$\boldsymbol{V}_1$与$\boldsymbol{V}_2$,空间复杂度是$O(nk)$。因此,NMF-DEC的空间复杂度为$O(n\times \max\{m,n\})$。

在时间复杂度方面，NMF－DEC 分为两部分：$\boldsymbol{P}$ 和 $\boldsymbol{A}$ 的联合因式分解以及 $\boldsymbol{P}$ 的联合优化。假设 r 是迭代次数。联合因子分解的运行时间为 $O(rn^2k)$，联合优化的时间复杂度为 $O(rn^2)$。因此，总时间复杂度为 $O(rn^2k)$。表 9－1 为 NMF－DEC 算法流程图。

表 9－1 NMF－DEC 算法流程图

算法 9.1 NMF-DEC 算法

输入：

$G=(\boldsymbol{V},\boldsymbol{E},\boldsymbol{S})$：属性网络。

k：社区数量。

κ：负采样大小。

α,β：相似度和平滑度的权重。

输出：

Z：属性网络中的社区。

1. 用 SVD 初始化矩阵 $\boldsymbol{U}$、$\boldsymbol{V}_1$ 和 $\boldsymbol{V}_2$。
2. 用式(9－7)初始化矩阵 $\boldsymbol{P}$。
3. 重复步骤 4～8 至收敛。
4. 重复步骤 3～7 至收敛。
5. 固定 $\boldsymbol{V}_1$、$\boldsymbol{V}_2$，根据式(9－16)更新矩阵 $\boldsymbol{U}$。
6. 固定 $\boldsymbol{U}$、$\boldsymbol{V}_2$，根据式(9－17)更新矩阵 $\boldsymbol{V}_1$。
7. 固定 $\boldsymbol{U}$、$\boldsymbol{V}_1$，根据式(9－18)更新矩阵 $\boldsymbol{V}_2$。
8. 固定 $\boldsymbol{U}$、$\boldsymbol{V}_1$ 和 $\boldsymbol{V}_2$，根据式(9－19)更新矩阵 $\boldsymbol{P}$。
9. 基于$[\boldsymbol{V}_1,\boldsymbol{V}_2]$获得 Z。
10. 返回 Z。

9.4 实验结果

为了充分验证算法的性能，选择 10 个属性网络作为测试数据、5 种基准算法，包括 NMF[134]、SP[135]、GNMF[140]、SCI[141]和 CDE[138]。选择 NMF 和 GNMF 的原因是所提出的算法都是基于非负矩阵分解的算法，而 CDE、SCI 是目前属性网络聚类性能最好的算法。

9.4.1 数据与准确性度量

测试数据分为 WEBKB(Alchemy WebKB Dataset)与癌症两大类，其中前者包括数据四个社交属性网络[142]，旨在分析不同大学网页之间的相关性，覆盖了四所著名大学，包括 Wisconsin 大学、Washington 大学、Texas 大学和 Cornell 大学，其中节点对应网页，边代表超链接,页面关键字代表属性。后者采用蛋白质相互作用网络作为拓扑结构,来源于 BioGRID 数据库[143],其属性数据来源于癌症基因图谱(The Cancer Genome Atlas)中不同癌肿的基因表达谱,包括膀胱尿路上皮癌(BLCA)、乳腺浸润癌(BRCA)、头颈部鳞状细胞癌(HNSC)、肾-肾透明细胞癌(KIRC)、肺腺癌(LUAD)和肺鳞状细胞癌(LUSC)。数据的具体信息见表9-2。

表 9-2 数据集

数据集		节点	边	属性	类别
WEBKB	Wisconsin	265	530	1 703	5
	Washington	230	446	1 703	5
	Texas	187	328	1 703	5
	Cornell	195	304	1 703	5
癌症网络	BLCA	15 273	933 445	366	未知
	BRCA	15 243	930 985	736	
	HNSC	15 282	937 378	522	
	KIRC	15 181	927 655	319	
	LUAD	15 229	930 045	477	
	LUSC	15 302	935 142	359	

对 WEBKB 数据而言,由于聚类簇结构事先已知,因此,采用标准互信息[见式 6-8)]来量化各算法的性能。对癌症属性网络而言,由于聚类簇结构未知,因此,采用背景知识来验证算法的准确性,包括:①聚类的功能富集分析验证所挖掘的聚类簇是否显著性包含某种已知的生物功能,采用基因本体论(GO)[144]和京都基因与基因组百科全书(KEGG)[145]作为生物功能库。利用超几何分析对每个聚类簇验证是否显著性富集某种功能中的基因(利用 BH-检验对 p 值进行校正,阈值设置为 0.05[146])。②生存曲线分析,利用 Cox 比例风险模型分析每个模块的基因表达谱是否与患者生存时间相关,定义为

$$\mathrm{index}x_i = \sum_{c=1}^{k} \psi_c X_{ci} \tag{9-22}$$

式中:k 是癌症特异性模块的数量;ψ_c 是第 c 个模块的 Cox 比例风险模型的回归系数;X_{ci} 是第 i 个患者的第 c 个模块内基因的平均表达水平。根据预后指数的中位数将患者分为高风险组和低风险组,Kaplan-Meier 方法获取差异显著性。

9.4.2 社交网络性能对照

在全面对照算法性能之前,先分析参数对性能的影响。NMF-DEC 涉及三个参数,其中 α 决定平滑度约束的重要性,β 控制属性的影响,κ 表示嵌入的负采样数。

图 9-2(a)描述 NMF-DEC 的准确性如何随 κ 的不同值而变化,随着 κ 从 1 增加到 5,NMF-DEC 准确性不断提高,当 $\kappa>6$ 时,NMF-DEC 的性能稳定。其主要原因是当 κ 较小时,PMI 不能准确地捕获属性网络结构。当 $\kappa\geq7$ 时,负采样样本数量足够消除部

分噪声，从而提高算法的性能。因此，试验中设定 $\kappa=7$。参数 α 和 β 对算法性能的影响如图 9－2(b)所示，其中 $\alpha\in\{0.1,0.2,\cdots,1.0\}$ 和 $\beta\in\{0.3,0.4,\cdots,1.2\}$。随着参数 β 从 0.3增加到 1.1，算法性能持续提高，当 $\beta>0.9$ 时，算法性能保持稳定。参数 α 从 0 增加到 1.0，类似的趋势重新出现。其主要原因在于，当参数 α 和 β 较小时，NMF－DEC 无法在网络的属性和拓扑结构之间达成良好的折中，导致性能不佳，增加 α 和 β 的值可以改善平衡。NMF－DEC 在 $\alpha=0.8$ 和 $\beta=1.0$ 时达到最佳性能。因此，实验选择 $\kappa=8$，$\alpha=0.8$ 和 $\beta=1.0$。

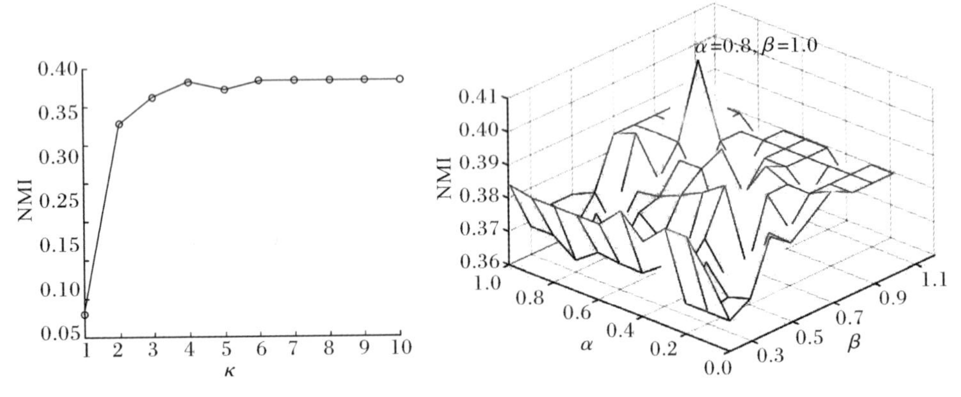

图 9－2　参数分析

图 9－3 是各对比算法在社交网络上的性能对照，其中图 9－3(a)代表 Wisconsin 大学网络，图 9－3(b)代表 Washington 大学网络，图 9－3(c)代表 Texas 大学网络，图 9－3(d)代表 Cornell 大学网络。从图中可以看出所提出的算法显著优于所有基准算法，其次是 NMF 和 CDE。NMF－DEC 的 NMI 分别为 0.374，0.390，0.345，0.382；而 NMF 为0.356，0.335，0.270，0.297，CDE 为 0.301、0.262、0.130 和 0.224。图 9－3 表明 NMF－DEC 不仅获得了最好的性能，而且具有最强的鲁棒性。三大原因可以解释所提出算法优于现有算法：①该算法利用矩阵分解提取潜在特征来表征属性网络模块结构，具有更好的准确性，这也是 NMF 优于其他方法的原因之一；②NMF－DEC 联合分解网络的相似性和拓扑结构，其中隐式结合了属性的特征，从而提供了更好的性能；③动态更新深入挖掘了网络属性和拓扑结构之间的关系。与此同时，SCI 和 SP 的性能最差，因为网络频谱对扰动非常敏感，而 SCI 不能平衡网络的属性和拓扑结构。

随后根据 50 次独立运行的标准偏差研究了算法的鲁棒性。图 9－3 显示了所提出的算法比基准算法具有更高的鲁棒性。具体而言，对于 Wisconsin、Washington、Texas 和 Cornell，NMF－DEC 的标准偏差分别为 0.001、0.008、0.006、0.006，而 NMF 的标准偏差分别为 0.01、0.01、0.02、0.02。需要指出的是 CDE 的标准偏差是 NMF 的 2～3 倍，分别达到 0.03(Wisconsin)、0.02(Washington)、0.05(Texas)和 0.03(Cornell)。NMF－DEC算法稳定的主要原因包括：①NMF－DEC 使用潜在特征对属性网络进行聚类，从而提高了其稳定性；②网络属性和拓扑的联合分解不仅提高了算法的精度，而且提高了方法的稳定性。

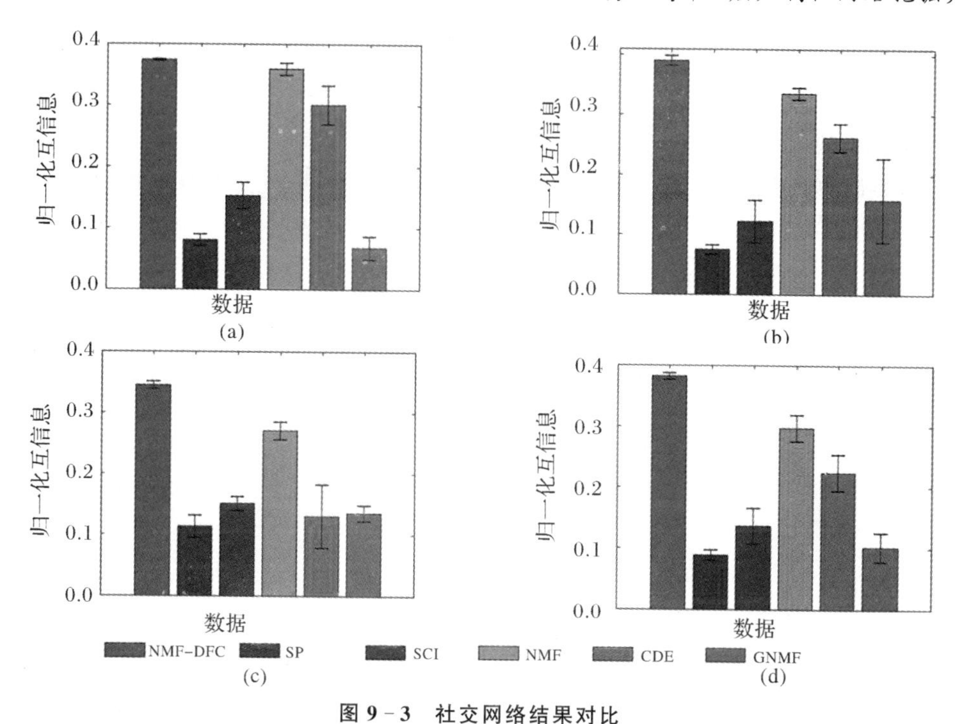

图 9-3 社交网络结果对比

(a)Wisconsin 大学网络;(b)Washington 大学网络;(c)Texas 大学网络;(d)Cornell 大学网络

9.4.3 癌症网络算法性能对照

本节测试该算法是否适用于癌症属性网络,其中拓扑结构是蛋白质相互作用网络,属性是基因表达谱数据。为了充分验证 NMF-DEC 的有效性,选择了六种癌症,包括 BLCA、BRCA、HNSC、KIRC、LUAD 和 LUSC,如表 9-2 所示。

通过检查获得的模块是否被已知的 GO 函数显著丰富来评估各种背景算法的性能。图 9-4 是 NMF-DEC 通过 mTOR 信号通路获得的典型模块($p=1.1\times10^{-2}$),其中 9-4(a)是聚类簇的拓扑结构,方框形状基因是功能基因,即 NRAS、RRAGC、CAB39、ATP6V1D 和 EIF4E。图 9-4(b)是基因属性相似性的热图,表明该模块满足拓扑高度连通性和属性一致性。

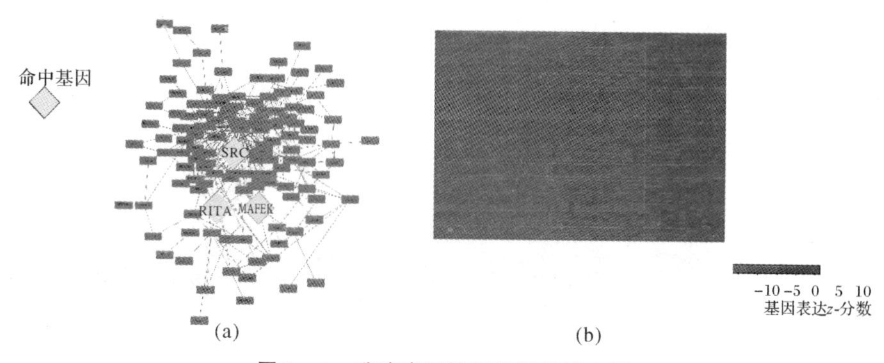

图 9-4 乳腺癌属性网络模块示意图

根据文献[103],通过至少具有一个 GO 函数的预测基因模块数量之间的比率作为度量准确性指标。图 9－5 显示了 NMF－DEC 所提取聚类簇的富集性比例显著高于基准算法，表明该算法能识别出更多具有生物功能的模块。具体而言，对于 BLCA、BRCA、HNSC、KIRC、LUAD 和 LUSC，NMF－DEC 比例分别为 71.3％、64.0％、67.6％、69.9％、67.6％、61.3％，而 GNMFs 算法的比例分别为 60.1％、59.6％、59.0％、59.4％、60.0％和 59.1％。GNMF 和 SCI 算法虽然不如 NMF－DEC 算法，但优于其他算法。NMF－DEC 实现最佳性能可能有三个原因：①多层网络模型集成了基因的拓扑结构和属性，减少了异质性引起的特征冲突；②NMF－DEC 联合分解相似度和拓扑网络以提取特征，当属性和拓扑深度融合时，特征的质量会提高；③属性网络拓扑结构的动态更新策略进一步平滑了这两个问题的异构性，从而提高了算法性能。NMF、SP 和 GNMF 未能充分利用网络的拓扑和属性信息，SCI 和 CDE 无法有效消除异构性。这些结果表明 NMF－DEC 可以有效识别具有已知生物功能的模块。

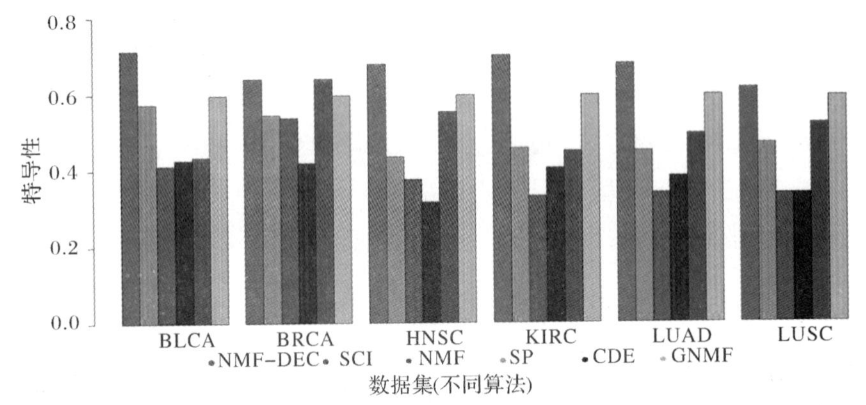

图 9－5　GO 分析结果对比

最后，采用 KEGG 代谢路径作为注释来对比不同算法的性能，其富集性分析结果如图 9－6 所示。显然，NMF－DEC 所挖掘的聚类簇中富集代谢路径的比例显著高于基准算法，对于 BLCA、BRCA、HNSC、KIRC、LUAD 和 LUSC，NMF－DEC 分别为 55.1％、54.4％、53.7％、57.4％、52.2％和 48.9％，而 CDE 的比例分别为 25.0％、40.4％、37.5％、29.4％、34.6％和 31.4％。

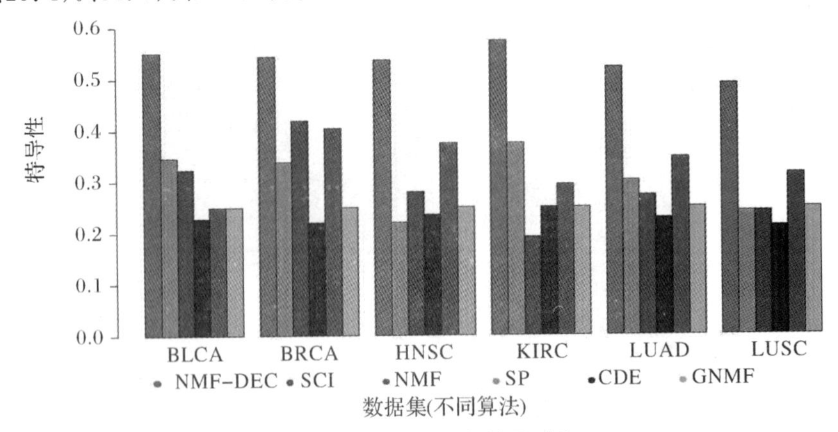

图 9－6　KEGG 分析结果对比

9.4.4 患者生存分析

由于基因可以作为预测患者生存时间的生物标记物[147]，使用多变量 Cox 比例风险模型判断所提出的聚类簇是否能有效预测患者生存周期。

对于每个聚类簇，利用聚类簇中基因的表达平均值来预测患者的生存时间，将患者分为高风险组和低风险组。图 9-7(a1)是所提出算法挖掘的聚类簇，其能准确地预测乳腺癌患者的生存时间，其中患者被分为高/低风险组，其存活时间显著不同($p=3\times10^{-4}$，对数秩检验)。图 9-7 (a1)中的模块通过 TNF 信号通路($p=1.1\times10^{-2}$)显著丰富，该通路对将 TNFR2 Treg 细胞与代谢重塑联系起来至关重要，并为药物靶向提供了额外的途径[148]。图 9-7(b1)包含了该模块所富集的功能。图 9-7(a2)(a3)分别是对 BRCA 与 HNSC 患者的存活分析，其中图 9-7(a2)中的模块通过 PI3K Akt 信号通路($p=2.1\times10^{2}$)，图 9-7(a3)对应催乳素信号通路富集($p=1.3\times10^{-2}$)。这些模块都能显著性区分高、低风险患者的生存周期。其对应的功能如图 9-2(b2)(b3)所示，与癌症组织的生长和发育等生物学功能密切相关[149]。

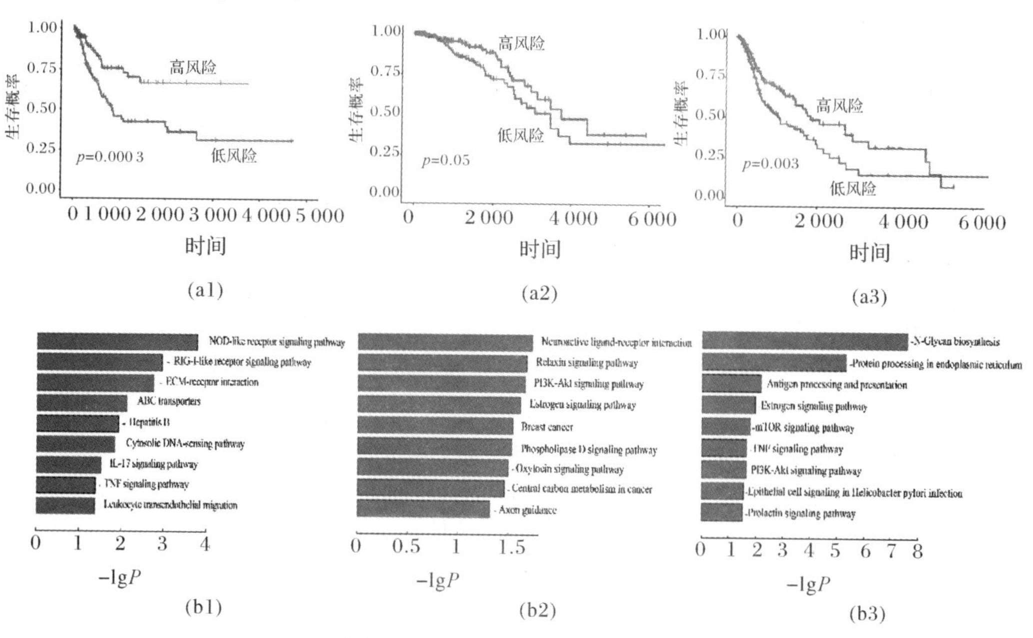

图 9-7 Kaplan-Meier 生存分析

最后，对比各种算法获得的与患者生存时间显著相关模块的百分比，如图 9-8 所示，其中 NMF-DEC 显著性优于其他算法。具体而言，对于 BLCA、BRCA、LUAD 和 LUSC，与患者生存时间相关的模块百分比，NMF-DEC 分别为 8.8%、16.2%、12.5%、16.1%，CDE 分别为 10.3%、12.5%、6.6%和 10.9%。除 BLCA 中的 CDE 之外，NMF-DEC 显著优于基线。这些结果表明 NMF-DEC 获得的模块更有可能与患者的临床信息相关联，充分表明该算法在挖掘属性网络聚类簇方面的优越性。

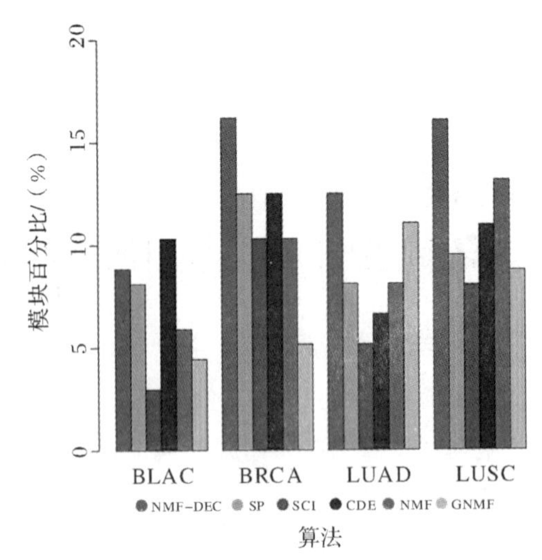

图 9-8 各算法所获取基因模块预测患者生存时间比例图

9.5 小 结

模块检测在生物网络分析中起着至关重要的作用,本研究通过网络分析整合相互作用组和转录组数据以获得模块。当前算法将基因表达谱融合到蛋白质相互作用网络中,或者将拓扑结构嵌入基因表达矩阵,难以解决异质特征冲突问题。

为了解决该问题,通过多层网络解决表达和蛋白质相互作用的异质性。为了深入融合表达和蛋白质相互作用的特征,该算法在优化过程中动态更新和改进网络拓扑。实验结果表明,该方法提高了检测精度,能识别具有强大生物学解释的模块。

第10章　癌症恶化时序网络动态模式挖掘算法

第9章讨论了如何在癌症属性网络中提取和挖掘癌症关联的图模式，其中基因交互网络是固定的，原因在于前提假设癌症是静态的。实际上，复杂疾病恶化过程是动态变化的，分析与提取疾病恶化过程中的致病代谢路径对理解、治疗疾病具有重要的理论意义与应用价值。本章聚焦如何挖掘与癌症恶化过程高度关联的动态基因图模式，利用基因表达数据构建癌症恶化不同阶段下的共表达网络，形成癌症恶化关联的时序网络，通过演化聚类分析提取癌症关键的动态簇，挖掘动态与静态聚类簇的生物背景意义，为研究复杂疾病提供重要的分析手段与计算方法。

10.1　引　　言

复杂疾病(如癌症)是由多基因间相互作用、基因与环境相互作用所引起的。这些基因与基因、基因与环境的相互作用形成了一个多层次的复杂生物网络。正是这些复杂网络的变异引起了疾病的发生与发展。疾病不同时刻模式的动态分析尤为重要，获取恶化过程相关的基因、基因调控及其与疾病恶化过程的关系，以及疾病恶化中基因调控的功能对理解疾病发病原理、设计药物和优化治疗方案具有极其重要的作用[150-152]。

生物网络模块的功能是随时间动态演变的，随着外部条件的改变，模块的功能也会随之改变，涉及基因与基因间交互的动态性。从网络观点来看，新的节点加入或旧的节点消失，节点间的连接关系也会发生变化。因此，真实网络中的模块必然跟随时间而不断发生变化，随时会有新的功能模块产生、旧模块萎缩或凋亡，以及功能模块分裂、合并等事件发生。因此，研究动态生物网络中的功能模块探测及其演变模式分析方法，揭示生命代谢过程的结构及演变的事件、模式和规则，就成为生物信息学及其相关领域的一项亟待解决的基础研究课题。

目前，绝大部分工作都基于静态网络。早在2003年，Vespignani[153]在蛋白质交互网络的功能模块中引入了演化的概念，对网络的分析深入到生物演化过程，认为存在高度保守的拓扑结构功能模体。Przytycka等[154]指出了动态网络时代的到来。Wuchty等[155]在蛋白质交互网络的功能模块中引入了演化的概念。将对时间不敏感的模块定义为保守模块，因而对应于生命过程中的重要组成部分。Komurov等[156]集成蛋白质交互网络和基因表达数据分析酵母菌网络中的静态和动态模块结构。Taylor等[157]指出蛋白质相互作用的动态模块性可用于预测乳腺癌。通过观察病人体内蛋白质性质的改变，预测癌乳腺癌发病与否。

但这些算法只是简单地集成基因表达的动态性,并没有对致病模块的时序交互动态性。研究致病模块动态性牵涉到时序网络的集成分析。目前集成网络分析算法可分成三类:①不同物种间的网络对比方法[158,159],该类方法提取不同物种间保守模块;②同物种下多网络集成分析方法[160,161];③同一物种下异构数据的集成分析[162]。这些算法都没有研究复杂疾病致病模块的动态性。本章的工作是通过集成分析疾病恶化过程中的时序网络,挖掘出时序网络下的模块,分析动态模块与静态模块在生物特征上的关系。

10.2 时序网络动态模块挖掘算法

本节先研究多重网络下代谢路径(模块)的数学模型,然后陈述挖掘算法,最后进行算法分析。

10.2.1 数学模型

研究代谢路径(模块)的动态性是多方面的。比如,文献[171]研究模块在不同时期下组成模块节点的动态性,继而分析模块的生命周期。该类研究在社会网络具有普遍性,但不一定适用于疾病恶化过程。本章基于基因间的交互动态性研究动态代谢路径,即给定一组基因,研究这组基因间的交互在疾病恶化过程中如何动态变化。为了保障该组基因具有相应的生物意义,限定该组基因在疾病恶化过程中自始至终都呈现模块结构。数学定义如下:给定 m 个节点集相同但拓扑结构不同的时序网络 $G_1=(V,E_1)$,…,$G_m=(V,E_m)$(方便起见,也称多重网络),m -模块代表能同时在 m 个网络中都存在高度联通的一组基因。

图 10-1(a) 为 2 -模块示意图。基于单个网络的模块称为 1 -模块。m -模块包含两种情况:静态与动态。图 10-1(b)包含动态模块与静态 2 -模块。产生动态模块的原因包括:一是交互的消失,即一对基因在一个网络中存在交互,但在另一个网络中不存在交互,如图 10-1(b)深颜色的边所示;二是交互强度变化,如图 10-1(b)浅颜色的边所示。

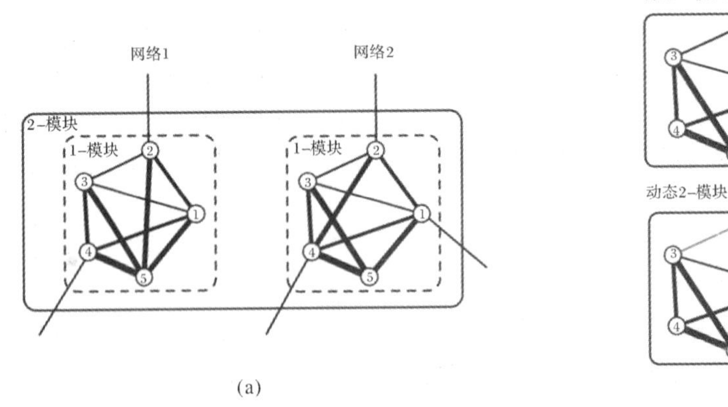

图 10-1 模块示意图

(a)2 -模块示意图;(b)m -模块包含两类模块:静态与动态

绝大多数现在算法只能识别 1 -模块,要提取时序网络中的模块,需要对算法进行改进。最简单的策略有两种：一是在每个网络上进行1-模块提取，再找出在各个网络中都出现的1-模块，将其作为m-模块；二是通过网络叠加，将多个网络转化成一个网络，边上的权重为改变在时序网络对应边权重的平均值，然后提取1-模块作为m-模块。这两种策略简单、易实现，但是不能够有效提取。其主要原因有两点：一是1-模块不能反映其他网络的拓扑结构，如图10-2(a)所示，在单个网络中的1-模块，未必在其他网络中呈现模块结构；二是网络叠加改变模块结构，如图10-2(b)所示，两个非模块结构通过叠加会形成新的模块。

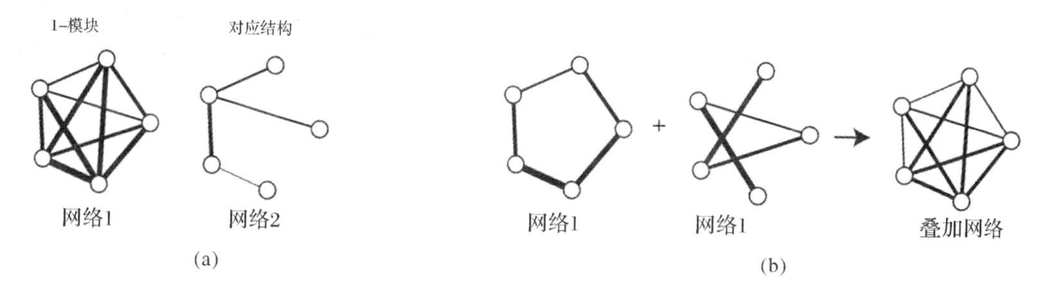

图10-2　基于单个网络的m-模块提取

(a)提取每个网络的1-模块替代m-模块；(b)将多重网络叠加成单个网络，提取单个网络中1-模块

如何在多个网络中量化m-模块是关键问题，所采用的策略：先在单个网络上进行拓扑刻画，进而在时序网络上进行拓扑刻画。给定一个m-模块C，对于任意基因$v \in C$，用$L_k(v)$表示节点v与C内部节点在网络G_k边权重之和，即$L_k(v)=\sum_{i\neq v, i\in C} a_{\text{vik}}$。类似定义$\overline{L}_k(v)=\sum_{i\neq v, i\in VC} a_{\text{vik}}$。利用信息熵定义节点$v$与$m$-模块在网络$G_k$下的连通性为

$$H_k(v,C)=-p_v^{[k]}\operatorname{lb}p_v^{[k]}-(1-p_v^{[k]})\operatorname{lb}(1-p_v^{[k]}) \tag{10-1}$$

式中：$p_v^{[k]}$为基因c隶属于模块C的概率，定义为$p_v^{[k]}=L_k(v)[L_k(v)+\overline{L}_k(v)]$。其原理：若一个基因大部分邻居节点都隶属于某个模块，则该基因很有可能隶属于这个模块。m-模块C在网络G_k上的连通性定义如下：

$$H_k(C)=\sum_{v\in C}H_k(v,C)|C| \tag{10-2}$$

式中：$|C|$表示集合C的势。m—模块C在时序网络上的连通性定义为单个网络上的连通性之和，即

$$H(C)=\sum_k H_k(C) \tag{10-3}$$

提取m-模块C，只需最小化熵值函数$H(C)$。

由此可以将时序网络的模块搜索问题转化成熵最小化问题。给定一组m-模块$C_i(1\leqslant i\leqslant \tau)$（$\tau$为模块数），可构建指示矩阵$\boldsymbol{X}=[x_1,\cdots,x_\tau]$，其中矩阵的行对应基因，列对应模块，元素$x_{ij}=1$表示第$i$个基因隶属于模块$C_j$，则多网络下$m$-模块问题可转化为如下优化问题：

$$\left.\begin{aligned}&\sum_{i=1}^{\tau}\min H(C_i)\\&\text{s.t.}\quad x_{ij}\in\{0,1\},\sum_j x_{ij}\geqslant 1,\sum_i x_{ij}>0\end{aligned}\right\} \tag{10-4}$$

约束 2 表明每个节点至少隶属一个模块，约束 3 表明不允许有空模块存在。对目标函数进行松弛，将优化问题[见式(10－4)]转化为如下最小化优化问题：

$$\left.\begin{aligned}&\min \sum\nolimits_{i=1}^{\tau} H(C_i)\\&\text{s.t. } x_{ij} \in \{0,1\}, \sum_j x_{ij} \geqslant 1, \sum_i x_{ij} > 0\end{aligned}\right\} \tag{10-5}$$

10.2.2 挖掘算法

求解优化问题[见式(10－5)]是一个 NP－难问题，故采用启发式搜索算法来进行近似求解。该算法分成三部分：① 网络构建；② 基因排序；③ 基于种子节点的 m－模块拓展。图 10－3 所示为该算法流程图。

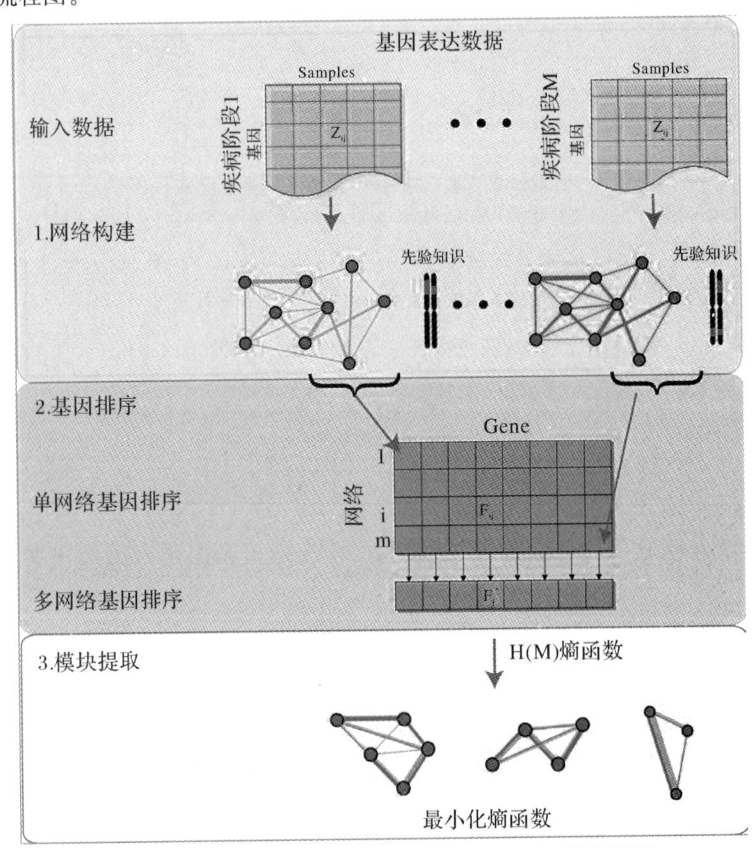

图 10－3 算法流程图：网络构建、基因排序、模块提取

1. 网络构建

利用疾病不同阶段下的基因表达数据构建时序、加权共表达网络：其中边上权重为对应基因对转录表达之间的皮尔逊系数(取绝对值)。为消除噪声，采用一阶偏相关系数过滤噪声边，构建疾病恶化过程的时序网络 $< G_1, \cdots, G_m >$。

2. 基因排序

基因排序是量化基因网络重要性的过程，选择重要基因对其进行研究是生物领域常用的策略之一。已有算法只是在单个网络上进行基因排序，在时序网络中的排序策略：首先，在单个网络进行排序；其次，综合基因在各个网络中的排序关系进行总体排序。具体而言，给定具体网络 $G_k=(V,E_k)$，基因排序是构建函数 $g:V\mapsto R$，其中 $g(v)$ 表示基因 v 的重要性。排序过程同时考虑网络拓扑结构与先验知识：

$$g=\alpha \boldsymbol{A}_k g+(1-\alpha) \tag{10-6}$$

式中：$\boldsymbol{A}_k$ 为网络 G_k 的加权邻接矩阵；Y 为先验知识(后续讨论)；α 为控制参数。类似策略也为 PRINCE 算法所采用[163]。采用迭代方式[164] 求解式(10-6)。对于每个基因，获取其在各网络中的排序信息 $\boldsymbol{g}=[g^{[1]},\cdots,g^{[m]}]$，对每个网络下基因进行 Z 标准化，基因在各网络下 Z-分数的平均值为该基因在所有网络下的重要程度。按照基因的重要程度选取一定数目的基因作为种子基因。

先验知识的计算方式：从 COSMIC 数据库[165] 提取基因变异信息，利用曲线拟合的方式估计基因变异的频率，利用此频率作为先验知识。

3.模块提取

从种子基因出发，选取种子的邻居基因作为候选基因，选择连通性最好的基因加入形成新的模块，利用式(10-2)来度量连通性。若存在多个基因满足条件，则随机选择一个基因；若不存在基因使得目标函数减少，则退出。对所有种子基因进行模块拓展操作。若两个模块的重叠率(Jaccard 系数)大于某个阈值，则进行合并。

10.2.3 算法分析

空间复杂度方面，给定时序网络 $G_1,\cdots,G_m$，所需要的空间复杂度为 $O(m\mid V\mid^2)$。同理，存储基因排序信息的空间复杂度为 $O(m\mid V\mid)$。故算法的空间复杂度为 $O(m\mid V\mid^2)+O(m\mid V\mid)=O(m\mid V\mid^2)$。

表10-1 M-Module 算法

算法 10.1 m-模块提取算法
输入：
$<G_1,\cdots,G_m>$：时序网络。
Y：基因先验知识。
输出：
PC：m-模块。
1.根据式(10-6)计算基因在各网络中的排序信息。
2.标准化各个网络的排序信息，获取基因在时序网络中的排序。
3.从种子基因出发，将种子基因作为当前模块。
4.按照目标函数[见式(10-3)]计算每一个邻接基因与当前模块的连通性。
5.若存在邻接节点导致目标函数降低，则选取导致最大降幅的节点加入当前模块；否则，跳出当前模块，进行下一个种子节点模块挖掘。
6.若无种子节点，则退出。
7.返回：PC。

时间复杂度方面，m-模块算法由基因排序、模块搜索两部分组成。对于单个网络排序，每次迭代的时间为$O(|V|^2)$。因此，单个网络排序的时间复杂度为$O(t|V|^2)$，其中t为迭代次数。通常迭代次数不会超过20，故单个网络基因排序的时间复杂度近似为$O(|V|^2)$。在时序网络中的排序复杂度为$O(m|V|^2)$。计算m-模块采用的启发式算法，从当前模块出发，只需要计算所有连接节点的连通性，其时间复杂度为$O(|V|)$。因此，完成一个模块想要的时间为$O(\tau|V|)$，其中τ是模块尺寸的最大值。完成所有种子节点模块搜索时间为$O(\lambda\tau|V|)$，其中λ为模块数。由于$\tau \ll |V|$，$\lambda \propto |V|$，故模块拓展的时间复杂度为$O(|V|^2)$。因此，算法的时间复杂度为$O(m|V|^2)$。

需要重点指出的是，该算法采用信息熵来量化模块在时序网络中的拓扑结构，这些新引入的网络性质可更好地刻画社团结构。与已有算法相比[160-161]，m-模块算法具有两大优势：

(1)m-模块算法采用熵值函数作为多网络模块的拓扑刻画，可克服基于密度方式带来的相关问题。可以提取出相对稀疏的模块结构，具有更好的生物意义。

(2) 通常时序网络具有节点数多、网络规模大等特点，m-模块算法启发式方法可快速提取模块结构。相对于现有算法，本节算法要快4倍以上；通过集成网络结构与先验知识对基因进行排序，该策略可以确保种子基因的质量，提高了模块预测的准确性。

10.3 实验结果

从计算与生物两个方面验证算法的有效性：一是通过人工网络，验证算法的准确性；二是通过真实生物网络，检验所提取的m-模块是否具有生物意义，主要从富集性、模块生物结构与生物标记等方面进行验证。选择如下算法进行对比：联合聚类(JC)[160]、谱聚类(SC)、矩阵分解(TC)[161] 与协同聚类算法 (CC)[118]。

10.3.1 算法的准确性

文献[160]拓展了GN-标准测试集，使得能检验多重网络分析算法。每个实例包含了3个网络，每个网络有256个节点，包含8个3-模块，每个模块有32个节点，网络中节点度为16。噪声水平定义成节点模块内度与节点度之间的比值。噪声水平越高，模块结构越模糊。采用受试者工作特征曲线下面积(Area Under Curve,AUC) 作为算法的评价标准。

实验结果如图10-4(a) 所示：① 所提出的算法在准确性上远远高于其他算法，尤其在噪声高处。JC算法性能仅低于本节算法，谱聚类高于协同聚类算法；② 随着噪声水平升高，所有算法的准确性都逐渐降低，其原因在于噪声干扰模块结构程度不同；③m-模块算法与JC在噪声水平低于0.4时具有相同性能，但是在噪声水平0.6处，m-模块算法显著性优于JC算法，表明所提出的算法具有很强的鲁棒性；④ 尽管谱聚类算法在单个网络中性能优越，但不能有效识别多网络模块，类似问题也出现在协同聚类算法中。

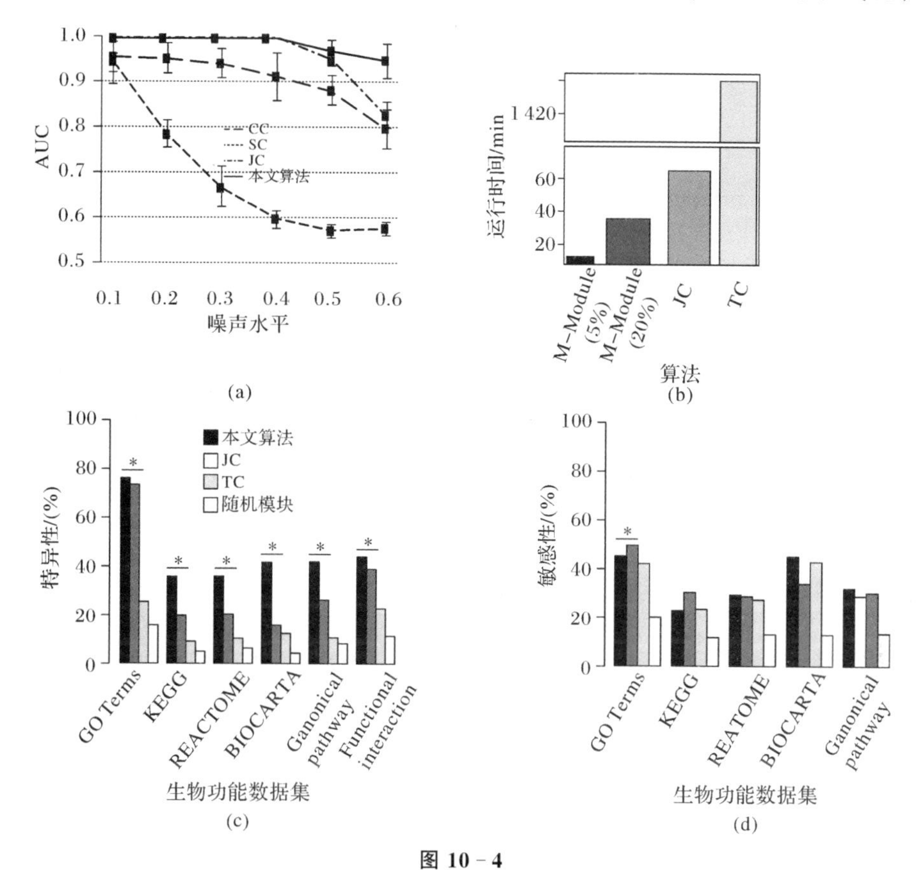

图 10-4

(a) 人工网络算法准确性对照;(b) 运行时间对比;(c)(d) 富集性分析(* 代表有显著性差异)

人工网络检验了所提出算法在提取时序网络中的高准确性,下述实验分析了在真实网络中 m-模块的生物意义。

10.3.2 富集性分析

以乳腺癌动态恶化过程为研究目标(TCGA 数据库),该数据集包含乳腺癌恶化过程中的 4 个阶段(Ⅰ、Ⅱ、Ⅲ、Ⅳ),包含样本数分别为 97、297、102、30。对乳腺癌的各个阶段建立基因共表达网络,边上的权重为皮尔逊相关系数的绝对值。提取 4 个共表达网络中的最大公共连通子图作为乳腺癌恶化过程的时序网络,包含的基因数为 7 737,共 10 109 758 条边。首先,对比了各算法的运行时间,为了验证种子数目对运行时间的影响,分别采用 5%、20% 节点作为种子,分析其算法运行结果。从图 10-4(b) 可看出:① 所提出算法比其他算法快 4 倍以上,表明所提出算法在运行时间上的有效性;②TC 算法耗时最长(为其他算法的 50 ~ 100 倍),其原因在于矩阵分解是 6 次方时间复杂度算法(见第 6 章)。

在乳腺癌时序网络中,本节算法、JC 算法、SC 算法、CC 算法与 TC 算法分别提取 50、110、91、100 和 1 573 模块,模块的平均规模为 17、70、85、77 与 10 基因。为了验证所提取出的模块是否具有生物意义,对各算法所提取的模块进行富集性分析。采用的标准数据集包括 GO 功能分类[166]、KEGG(Kyoto Encyclopedia of Genes and Genomes) 代谢路径[167]、Biocarta 代谢路径[168]、标准代谢路径[169]与基因功能交互[143]。其量化标准包括特异性(Specificity)与敏感性(Sensitivity)。假设 PS、TS 分别为预测模块集、标准模块集，特异性定义如下：

$$spe = |c_{PS}|/|PS| \tag{10-7}$$

式中：c_{PS} 是至少与标准数据集中一个模块有显著性富集(采用超几何分布检验，$P < 0.05$)的预测模块组成的集合。同理，敏感性定义如下：

$$sen = |c_{TS}|/|TS| \tag{10-8}$$

式中：c_{TS} 是至少与预测模块集中一个模块有显著性富集的标准模块组成的集合。如图 10-4(c)(d) 所示，本节算法在特异性方面远高于其他算法，比如在 KEGG 数据上 36% m-模块具有 KEGG 功能注解，但是其他算法分别为 22% < JC 算法 >、10.1%(TC 算法)，5.8%(随机模块)。与此同时，所提出算法在敏感性方面与 TC、JC 算法相同，说明本节算法可以更好地刻画与提取时序网络中的模块。

10.3.3 动态与静态基因对比

如图 10-1(b) 所示，m-模块具有动态与静态两种。为了区分静态与动态模块，先量化 m-模块的动态性，给定模块 C，其对应的网络子图为 $\langle G_1^C, \cdots, G_m^C \rangle$ 及其相应的邻接矩阵为 $\boldsymbol{A}_1^C, \cdots, \boldsymbol{A}_m^C$，其连通动态性定义相邻子图交互强度变化如下：

$$\mathrm{MCDS}(C) = \sum_{i}^{m-1} || \boldsymbol{A}_i^C - \boldsymbol{A}_{i+1}^C || / |C| \tag{10-9}$$

式中：$|| * ||$ 为矩阵 L_2 范数。

利用随机模块建立动态模块的空模型，利用经验分布值计算模块动态性的 p 值(阈值 0.05)。在本节算法提出的 50 个模块中，动态与静态模块数分别为 30 与 20。

首先，对 m-模块的连通动态性与模块的基因表达动态进行分析；其次，分析静态、动态基因在网络拓扑、生物结构上的差异。将隶属于动态(静态)模块的基因作为动态(静态)基因，平均度最大的 10% 基因称为中枢基因[157]。对这三类基因进行对比，分析其结构与网络拓扑关系。图 10-5(a) 是 HERB 代谢路径在乳腺癌恶化过程中的动态变化，周边小图表示该模块在基本相邻阶段交互强度的动态变化情况。权重减少的边表示改变的交互强度降低，权重增加的表示交互强度增强。边的粗细代表变化的强度。从图可以看出，从乳腺癌的第一阶段到第二阶段，HERB 代谢路径中基因间的交互是增强的，但从第三阶段到第四阶段，交互强度是逐渐减弱的。可能的生物解释为在疾病前期，致病基因作用增强导致了疾病恶化，在疾病后期，由于癌细胞的转移，该代谢路径重要性减弱。图 10-5(b) 表示动态模块与静态模块在连通性关系上具有显著性差异[$p = 1.8 \times 10^{-4}$，KS(Kolmogorov-Smimor test) 检验]。为了分析连通动态性与基因表达动态性关系。图 10-5(c) 表明两者没有显著相关性($p = 0.27$，皮尔逊系数检验)。进一步验证两者关系，文氏图表明动态基因与差异表达基因无显著性关联关系($p = 0.17$，超几何检验)，该结果表明基因表达不能替代连通性变化。图 10-5(d)(e) 是三类基因在拓扑结构上的对比关系，表明这三类基因在拓扑形式具有显著差异(t 检验)。生物意义上，静态基因在疾病恶化过程中不发生显著性变化，而动态基因在恶化过程中显著性改变交互的强度与作用对象，基于此推断这两类基因应该具有不同的生物特征。为了验证该假设，基因所对应的蛋白质结构域的分布情况，动态基因与静态基因在信号域上具有显著性差异（$p = 6.9 \times 10^{-4}$，二项分布检验），但在非信号域上无显著差异（$p = 0.22$，二项分布检验）。这为动态模块提供可能的生物解释为动态模块产生的一个可能原因是信号域传递信号所致。

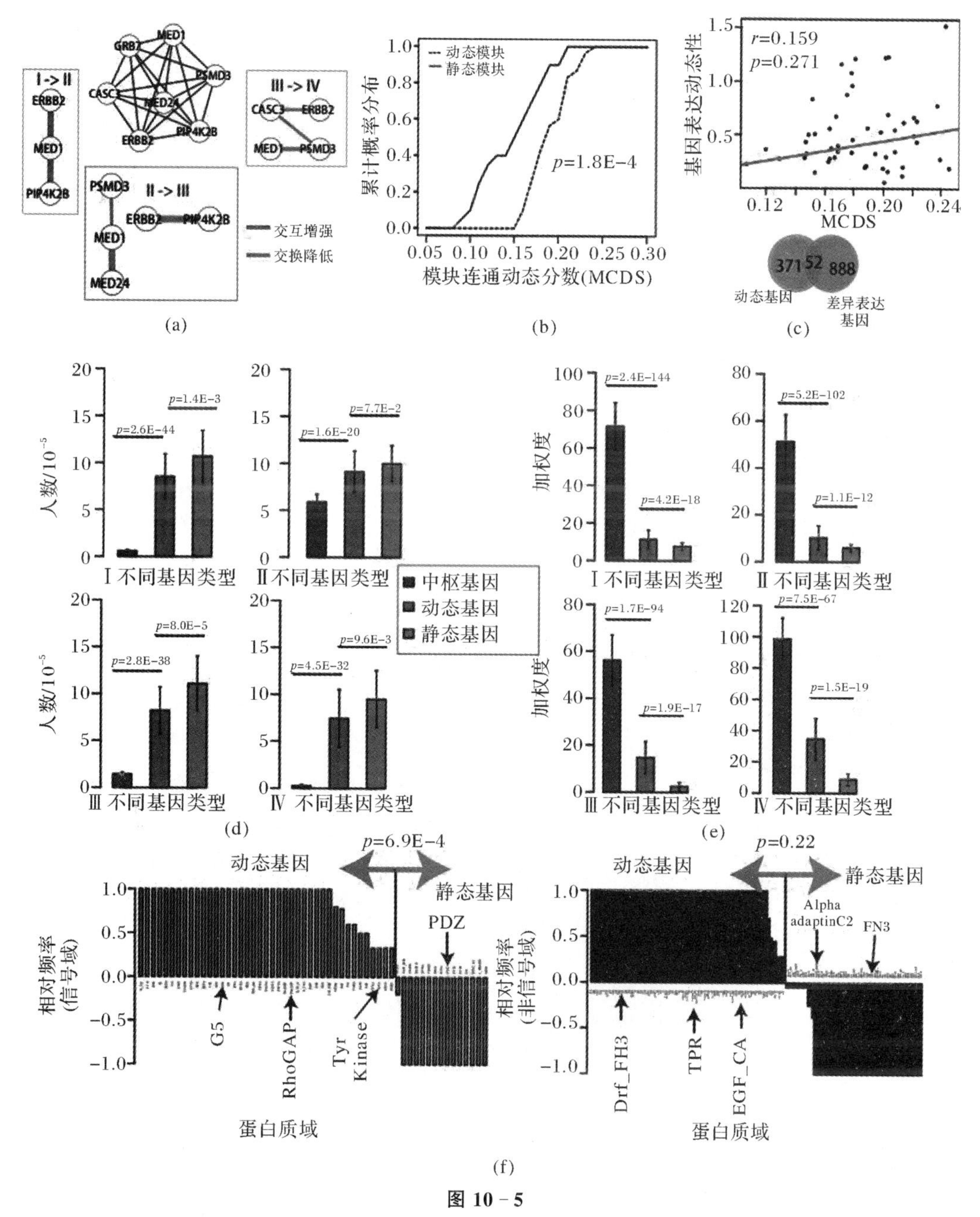

(a) (b) (c) (d) (e) (f)

图 10－5

(a) 动态模块示意图；(b) 静态与动态模块对比；(c) 交互连通动态与基因表达动态关系图；(d)(e) 动态基因、静态基因与中枢基因在拓扑结构对比；(f) 动态基因与静态基因在蛋白质结构域对比

10.3.4 癌症预测的准确性

上述实验分析了 m -模块的富集性、动态与静态模块的差异。随之而来的生物问题是所提取的模块是否能作为生物标记来预测乳腺癌恶化的不同阶段。采用文献[170]中的策略将每个模块映射成一个特征，JC 算法、TC 算法和本节算法特征数分别为 110、1 573、50。此外，选取差异表达与随机基因作为比较对象，其目标是验证基于基因的特征与基于模块的特征在预测癌症阶段上的准确性。公平起见，基因数与本节算法的模块数一致，即选取 50 个随机基因和 50 个差异表达基因。利用支持向量机作为分类器，采用五折交叉验证的方式来计算准确性。

图 10 - 6(a) 包含各个不同算法的准确性，可看出所提出的算法明显高于其他方法，本节算法提取的模块准确性为 61.6%，分别比随机基因、差异基因、TC 模块、JC 模块高 29.1%、24.3%、24.6%、31.9%，进一步表明该方法的有效性。图 10 - 6(b) 对应 ROC 曲线，其 AUC 分别为 0.51、0.58、0.52、0.70，这表明本节算法提取的 4 -模块可作为生物标记预测乳腺癌恶化的不同阶段。

为了进一步研究基因表达与动态的关系，将动态系数与模块基因表达进行结合，其准确率得到显著性提高，从 61.6% 升高到 75.6%($p = 3.9 \times 10^{-10}$，t 检验)，同时其 AUC 也显著提高，从 0.70 升高到 0.83($p = 0.01$，Delong 检验)。该结果进一步表明研究网络连通动态性的重要性，集成基因表达数据与代谢路径连接动态性可以显著提高预测的准确性。其主要原因在于基因表达与连通性互不相关，集成两种信息可更全面地刻画疾病的恶化过程。此外，基于模块的准确性要明显高于基于基因的准确性(除 TC 算法之外)，其原因在于模块内部多基因可以更加准确地刻画疾病恶化过程的动态行为。文献[157]表明表型数据与基因表达数据结合可提高乳腺癌的准确性，本节结果可作为其成果的一个有力补充。

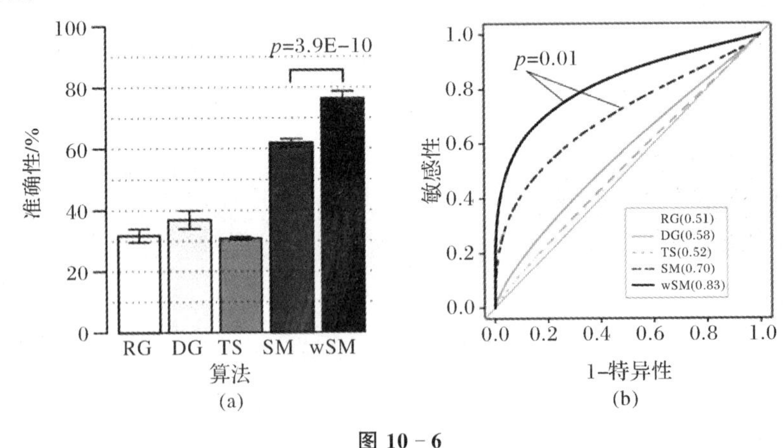

图 10 - 6

(a) 预测准确性[特征包括 RG：随机基因(50)；DG：差异表达基因(50)；TC：TC 模块(1 573)；JC：JC 模块(110)；SM：本节算法模块(50)；wSM：加权 m -模块(50)，其中(*) 为特征数量]；(b)ROC 曲线对比

10.4 多网络分析与单网络分析

图10-2是单个网络分析不能有效刻画多网络的两个原因，本节分析从富集性分析、预测癌症的准确性及其拓扑结构三个方面集成网络分析与单个网络分析进行综合性对比。对乳腺癌4个不同阶段的共表达网络进行逐一聚类，分别提取1-模块。

先对比m-模块与1-模块的富集性分析。图10-7(a)(b)是m-模块与1-模块在已知代谢路径的富集性分析对比，结果表明集成分析与个体网络模块提取在富集性方面没有明显区别。其原因在于：尽管1-模块不能有效地刻画疾病恶化过程动态变化，但其能反映出在特定条件下的生物功能意义。继而分析m-模块与1-模块在预测癌症发病阶段性能对比。图10-7(c)(d)是准确性与ROC曲线，可明显看出集成分析显著提高了预测的准确性，其原因在于集成分析考虑到不同时期相互关联的代谢路径，而个体分析只关注单一条件下的代谢路径。结果表明，集成分析可提取疾病恶化过程的生物标记，而单个网络分析不能。图10-7(e)对比m-模块与1-模块密度，结果表明，集成分析模块的模块密度远低于个体网络模块(t检验)，表明稀疏模块同样具有重要的生物功能意义。因此，提取稀疏代谢路径对理解生物功能同样具有重要的意义。

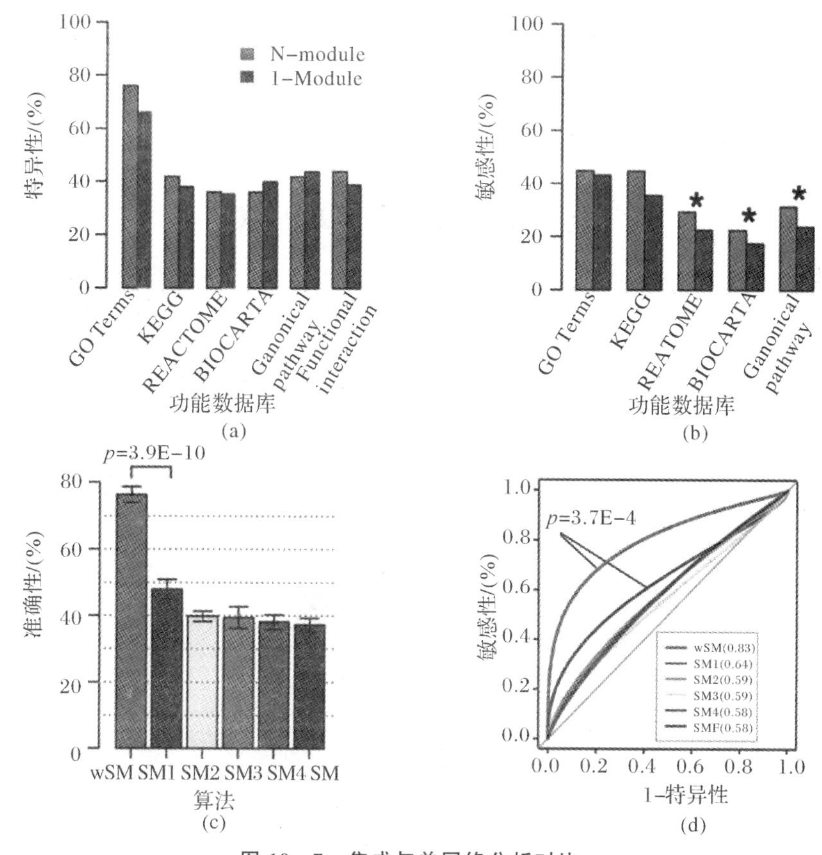

图10-7 集成与单网络分析对比

(a)(b)富集性分析；(c)(d)预测准确性分析(其中SM_k表示第k个网络中的1-模块，SMF表示所有1-模块)

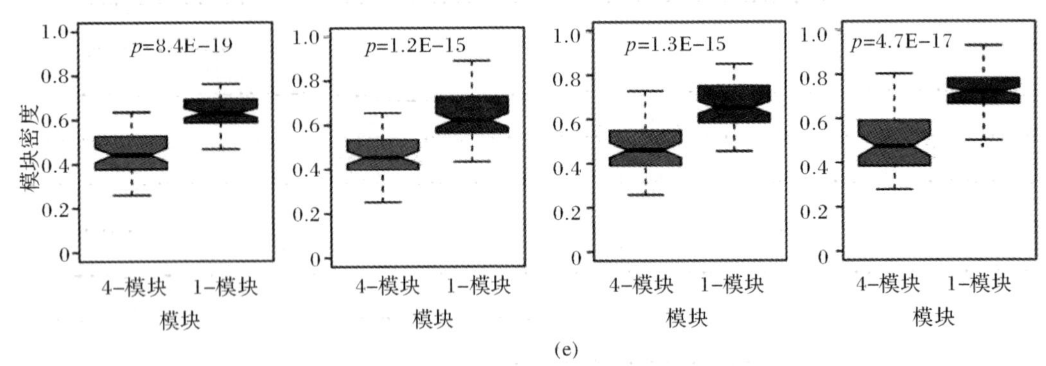

(e)

续图 10-7 集成与单网络分析对比

(e)拓扑关系对比

10.5 小 结

本章提出了一种新的多网络集成分析算法,并将其运用于乳腺癌恶化过程相关的时序网络,提取了疾病相关的动态致病模块。该方法利用信息熵作为目标函数,将时序网络模块提取问题转化为熵函数最小化优化问题,可以集成网络的拓扑结构信息与先验知识。实验结果表明,集成分析模块具有更高富集性,能够提取动态代谢路径,所提取的模块可作为生物标记显著性提高癌症预测的准确性等。

10.6 拓展阅读

尽管癌症恶化关联的动态模式挖掘已被广泛研究,但是仍然有许多尚未解决的难题,包括:

(1) 当前研究只集中在同构网络集成分析,如何集成多源、异构信息,比如启动子、增强子调控信息等,研究代谢路径的动态调节程序具有重要的意义。

(2) 目前研究动态行为集中在代谢路径的交互强度,如何研究代谢路径的演化关系,比如代谢路径的产生、拓展、萎缩、死亡过程将是一个很有意义的研究方向。

参考文献

[1] WATTS D J, STROGATZ S H. Collective dynamics of small-world networks[J]. Nature, 1998, 393(6684): 440 - 442.

[2] BARABÁSI A L, ALBERT R. Emergence of scaling in random networks[J]. Science, 1999, 286(5439): 509 - 512.

[3] PARK J, NEWMAN M E J. The Statistical mechanics of networks[J]. Physical Review E, 2004, 70(6): 066117.

[4] CORDELLA L P, FOGGIA P, SANSONE C, et al. A (sub) graph isomorphism algorithm for matching large graphs[J]. IEEE Transactions on Pattern Analysis and Machine Intelligence, 2004, 26(10): 1367 - 1372.

[5] SANFELIU A, FU K S. A distance measure between attributed relational graphs for pattern recognition[J]. IEEE Transactions on Systems, Man, and Cybernetics, 1983 (3): 353 - 362.

[6] MYERS R, WISON R, HANCOCK E R. Bayesian graph edit distance[J]. IEEE Transactions on Pattern Analysis and Machine Intelligence, 2000, 22(6): 628 - 635.

[7] JUSTICE D, HERO A. A binary linear programming formulation of the graph edit distance[J]. IEEE Transactions on Pattern Analysis and Machine Intelligence, 2006, 28(8): 1200 - 1214.

[8] WU Z, LEAHY R. An optimal graph theoretic approach to data clustering: theory and its application to image segmentation[J]. IEEE Transactions on Pattern Analysis and Machine Intelligence, 1993, 15(11): 1101 - 1113.

[9] SHI J, MALIK J. Normalized cuts and image segmentation[J]. IEEE Transactions on Pattern Analysis and Machine Intelligence, 2000, 22(8): 888 - 905.

[10] GIRVAN M, NEWMAN M. Community structure in social and biological networks [J]. Proceedings of the National Academy of Sciences, 2002, 99(12): 7821 - 7826.

[11] PALLA G,DERÉNYI I,FARKAS I,et al. Uncovering the overlapping community structure of complex networks in nature and society[J]. Nature,2005,435(7043):814 - 818.

[12] FREY B J,DUECK D. Clustering by passing messages between data points[J]. Science,2007,315(5814):972 - 976.

[13] WANG C,LAI J,SUEN C. Multi-exemplar affinity propagation[J]. IEEE Transactions on Pattern Analysis and Machine Intelligence,2013,35(9):2223 - 2237.

[14] FORTUNATO S,HRIC D. Community detection in networks:a user guide[J]. Physics Reports,2016,659(1):1 - 44.

[15] SMALTER A,HUAN J,LUSHINGTON G. Graph wavelet alignment kernels for drug virtual screening[J]. Journal of Bioinformatics and Computational Biology,2009,7(3):473 - 497.

[16] BORGWARDT K,KRIEGEL H. Shortest-path kernels on graphs[C]//Fifth IEEE International Conference on Data Mining. Houston:IEEE,2005:8 - 15.

[17] MA Y,WANG S,AGGARWAL C C,et al. Graph convolutional networks with eigen pooling[C]//Proceedings of the 25th ACMSIGKDD International Conference on Knowledge Discovery and Data Mining. Anchorage:ACM,2019:723 - 731.

[18] CUI P,WANG X,PEI J,et al. A survey on network embedding[J]. IEEE Transactions on Knowledge and Data Engineering,2018,31(5):833 - 852.

[19] ROWEIS S,SAUL L. Nonlinear dimensionality reduction by locally linear embedding[J]. Science,2000,290(5500):2323 - 2326.

[20] MIKOLOV T,SUTSKEVER I,CHEN K,et al. Distributed representations of words and phrases and their compositionality[C]//Advances in Neural Information Processing Systems. Lake Tahoe:NIPS,2013:26 - 34.

[21] PEROZZI B,AL-RFOU R,SKIENA S. Deepwalk:online learning of social representations[C]//The 20th ACM SIGKDD International Conference on Knowledge Discovery and Data Mining. New York:ACM,2014:701 - 710.

[22] GROVER A,LESKOVEC J. Node2vec:scalable feature learning for networks[C]//The 22nd ACM SIGKDD International Conference on Knowledge Discovery and Data Mining. San Francisco:ACM,2016:855 - 864.

[23] WANG D X,CUI P,ZHU W W. Structural deep network embedding[C]//The 22nd ACM SIGKDD International Conference on Knowledge Discovery and Data Mining. San

Francisco:ACM,2016:1225 - 1234.

[24] CAO S S,LU W,XU Q K. Deep neural networks for learning graph representations[C]// The AAAI Conference on Artificial Intelligence. Phoenix:AIAA,2016,30(1):1 - 8.

[25] KIPF T N,WELLING W. Variational graph auto-encoders[J]. NIPS,2016(1):1611.07308.

[26] RATTIGAN M,MAIER M,JENSEN D. Graph clustering with network structure indices[C]//The 24th International Conference on Machine Learning. Corvalis: ACM,2007:783 -790.

[27] GIBSON D, KUMAR R, TOMKINS A. Discovering large dense subgraphs in massive graphs[C]//The 31st International Conference on Very Large Databases. Trondheim:VLDB Endowment,2005:721 - 732.

[28] BORDINO I,DONATO D,GIONIS A,et al. Mining large networks with subgraph counting[C]//The 8th IEEE International Conference on Data Mining. Pisa: IEEE,2008:737 - 742.

[29] NEWMAN M. Spread of epidemic disease on networks[J]. Physical Review E, 2002,66(1):016128.

[30] HARTWELL L,HOPFIELD J,LEIBLER S,et al. From molecular to modular cell biology[J]. Nature,1999,402(6761):C47 - C52.

[31] BORGELT C,BERTHOLD M. Mining molecular fragments:finding relevant substructures of molecules[C]//2002 IEEE International Conference on Data Mining. Maebashi City: IEEE,2002:51 - 58.

[32] INOKUCHI A,WASHIO T,OKADA T,et al. Applying the apriori-based graph mining method to mutagenesis data analysis[J]. Journal of Computer Aided Chemistry,2001, 2(1):87 - 92.

[33] WU W M,LIU Z Y,MA X K. JSRC:a flexible and accurate joint learning algorithm for clustering of single-cell RNA-sequencing data[J]. Briefings in Bioinformatics,2021, 22(1):1 - 15.

[34] RITCHEY R,AMMANN P. Using model checking to analyze network vulnerabilities [C]//IEEE Symposium on Security and Privacy. Berkeley:IEEE,2000:156 - 165.

[35] MAYER A,WOOL A,ZISKIND E. Fang:a firewall analysis engine[C]//IEEE Symposium on Security and Privacy. Berkeley:IEEE,2000:177 - 187.

[36] BONACICH P. Factoring and weighting approaches to status scores and clique identification [J]. Journal of Mathematical Sociology,1972,2(1):113 - 120.

[37] BONACICH P. Some unique properties of eigenvector centrality[J]. Social Networks, 2007,29(4):555 - 564.

[38] FROBENIUS G, FROBENIUS F G, FROBENIUS F G, et al. Über Matrizen aus nicht negativen Elementen[J]. Sitzungsber, 1912(1):456 - 477

[39] PILLAI S U, SUEL T, CHA S. The Perron-Frobenius theorem: some of its applications [J]. IEEE Signal Processing Magazine, 2005, 22(2):62 - 75.

[40] MA C Z, LIN Q, LIN Y, et al. Identification of multi-layer networks community by fusing nonnegative matrix factorization and topological structural information[J]. Knowledge-Based Systems, 2021, 213:106666.

[41] BODEN B, GÜNNEMANN S, HOFFMANN H, et al. Mining coherent subgraphs in multi-layer graphs with edge labels [C]//Proceedings of the 18th ACM SIGKDD International Conference on Knowledge Discovery and Data Mining. Beijing: ACM, 2012: 1258 - 1266.

[42] MISLOVE A, KOPPULA H S, GUMMADI K P, et al. Growth of the flickr social network[C]// Proceedings of the first workshop on Online social networks. Seattle: ACM, 2008:25 -30.

[43] BIGGS N. Algebraic Graph Theory[M]. 2nd ed. Cambridge: Cambridge University Press, 1993.

[44] BROUWER A E, HAEMERS W H. Spectra of Graphs[M]. Berlin: Springer, 2012.

[45] CVETKOVIĆ D, ROWLINSON P, SIMIĆ S. An Introduction to the Theory of Graph Spectra[M]. Cambridge: Cambridge University Press, 2010.

[46] GUTMAN I. The energy of a graph, Ber. Math. Stat. Sekt[J]. Forschungszent Graz, 1978, 103(1):1 - 22.

[47] LI X, SHI Y, GUTMAN I. Graph Energy[M]. New York: Springer-Verlag New York Inc., 2012.

[48] DUMMIT D S, FOOTE R M. Abstract Algebra[M]. 3rd ed. New York: Wiley, 2003.

[49] KIANI D, AGHAEI M M H, MEEMARK Y, et al. Energy of unitary cayley graphs and gcd-graphs[J]. Linear Algebra and its Applications, 2011, 435(6):1336 - 1343.

[50] LI Z, ZHANG S, WANG R S, et al. Quantitative function for community detection[J]. Physical Review E, 2008, 77(3):036109.

[51] MEDUS A D, DORSO C O. Alternative approach to community detection in networks

[J]. Physical Review E, 2009, 79(6): 066111.

[52] MUFF S, RAO F, CAFLISCH A. Local modularity measure for network clustering[J]. Physical Review E, 2005, 72(5): 056107.

[53] ZHANG S, WANG R S, ZHANG X S. Identification of overlapping community structure in complex networks using fuzzy c-means clustering[J]. Physica A (Statistical Mechanics and its Applications), 2007, 374(1): 483 - 490.

[54] SHEN H W, CHENG X Q, CAI K, et al. Detect overlapping and hierarchical community structure in networks[J]. Physica A (Statistical Mechanics and its Applications), 2009, 388(8): 1706 - 1712.

[55] DHILLON I S, GUAN Y, KULIS B. Weighted graph cuts without eigenvectors a multilevel approach[J]. IEEE Transactions on Pattern Analysis and Machine Intelligence, 2007, 29 (11): 1944 - 1957.

[56] KIM H, PARK H. Sparse non-negative matrix factorizations via alternating non-negativity-constrained least squares for microarray data analysis[J]. Bioinformatics, 2007, 23(12): 1495 - 1502.

[57] CICHOCKI A, ZDUNEK R, PHAN A H, et al. Nonnegative matrix and tensor factorizations: applications to exploratory multi-way data analysis and blind source separation[M]. New York: Wiley, 2009.

[58] KIM D, SRA S, DHILLON I S. Fast Newton-type methods for the least squares nonnegative matrix approximation problem[C]//Proceedings of the 2007 SIAM International Conference on Data Mining. Minneapolis: SIAM, 2007: 343 - 354.

[59] JORUES D R, BEITRARNO M A. Solving partitioning problems with genetic algorithms[C]//Proceedings of the 4th ICGA. San Diego: University of California, 1991: 442 - 449.

[60] DING C, LI T, PENG W, et al. Orthogonal nonnegative matrix t-factorizations for clustering[C]//Proceedings of the 12th ACM SIGKDD International Conference on Knowledge Discovery and Data Mining. Philadelphia: ACM, 2006: 126 - 135.

[61] GOBINET C, ELHAFID A, VRABIE V, et al. About importance of positivity constraint for source separation in fluorescence spectroscopy [C]//2005 13th European Signal Processing Conference. Antalya: IEEE, 2005: 1 - 4.

[62] GOLUB T R, SLONIM D K, TAMAYO P, et al. Molecular classification of cancer: class discovery and class prediction by gene expression monitoring[J]. Science,

1999,286(5439):531 – 537.

[63] CHAN P K,SCHLAG M D F,ZIEN J Y. Spectral K-way ratio-cut partitioning and clustering[J]. IEEE Transactions on Computer-aided Design of Integrated Circuits and Systems,1994,13(9):1088 – 1096.

[64] STELLA X Y, SHI J. Multiclass spectral clustering[C]//IEEE International Conference on Computer Vision. Nice:IEEE Computer Society,2003:313 – 319.

[65] FORTUNATO S,BARTH′ELEMY M. Resolution limit in community detection [J]. Proceedings of the National Academy of Sciences,2007,104(1):36 – 41.

[66] MA X K,DONG D,WANG Q. Community detection in multi-layer networks using joint nonnegative matrix factorization[J]. IEEE Transactions on Knowledge and Data Engineering,2019,31(2):273 – 286.

[67] MA X K,DONG D. Evolutionary nonnegative matrix factorization algorithms for community detection in dynamic networks[J]. IEEE Transactions on Knowledge and Data Engineering,2017,29(5):1045 – 1058.

[68] OLIVIER C,BERNHARD S,ALEXANDER Z. SemivSupervised Learning[M]. Cambridge:MIT Press,2006.

[69] ZHONG S. Semi – supervised model-based document clustering: a comparative study[J]. Machine learning,2006,65(1):3 – 29.

[70] WAGSTAFF K,CARDIE C,ROGERS S,et al. Constrained K-means clustering with background knowledge [C]//International Conference on Machine Learning. Williamstown:IMLS,2001:577 – 584.

[71] WAGSTAFF K,CARDIE C. Clustering with instance-level constraints[C]//Innovative Applications of Artificial Intelligence Conference. Austin:AAAI,2000:577 – 584.

[72] HUANG D S,PAN W. Incorporating biological knowledge into distance-based clustering analysis of microarray gene expression data[J]. Bioinformatics,2006,22(10):1259 – 1268.

[73] HUANG R,LAM W. An active learning framework for semi-supervised document clustering with language modeling[J]. Data and Knowledge Engineering,2009,68(1): 49 – 67.

[74] CHANG H,YEUNG D Y. Locally linear metric adaptation with application to semi-supervised clustering and image retrieval[J]. Pattern Recognition,2006,39(7):1253 – 1264.

[75] BENSAID A M,HALL L O,BEZDEK J C,et al. Partially supervised clustering for image segmentation[J]. Pattern recognition,1996,29(5):859 – 871.

[76] GEMAN D. Stochastic Relaxation, Gibbs Distributions, and the Bayesian Restoration of Images[J]. Readings in Computer Vision,1987,20(5/6):25-62.

[77] BASU S, BILENKO M, MOONEY R J. A probabilistic framework for semi-supervised clustering[C]//Proceedings of the 10th ACM SIGKDD International Conference on Knowledge Discovery and Data Mining. Seattle:IMLS,2004:59-68.

[78] ROMBERG J K, CHOI H, BARANIUK R G. Bayesian tree-structured image modeling using wavelet-domain hidden Markov models[J]. IEEE Transactions on Image Processing,2001,10(7):1056-1068.

[79] AMORIM R C. Constrained intelligent k-means:improving results with limited previous knowledge[C]//2008 The Second International Conference on Advanced Engineering Computing and Applications in Sciences. Valencia:IEEE,2008:176-180.

[80] SINKKONEN J,KASKI S. Clustering based on conditional distributions in an auxiliary space[J]. Neural Computation,2002,14(1):217-239.

[81] LUO X,WANG S,XU H X. A novel semi-supervised clustering:collaborating space with auxiliary space[J]. Computer Engineering and Application,2007,43(23):177-180.

[82] LUO X,WANG S. A novel semi-supervised clustering method based on double similarity measure[J]. China Computer Applications and Software,2008,25(4):219-250.

[83] WU Y, YUAN P, YU N. An improved density-sensitive semi-supervised clustering algorithm[C]//Proceedings of the 5th International Conference on Visual Information Engineering. Xi'an:IET,2008:106-110.

[84] HINNEBURG A, KEIM D. An efficient approach to clustering in large multimedia databases with noise[C]//Proceedings of the 4th International Conference on Knowledge Discovery and Data Mining. New York:AAAI,1998:58-65.

[85] KONDOR R I,LAFFERTY J. Diffusion kernels on graphs and other discrete input space [C]//Proceedings of International Conference on Machine Learning. Sydney: ACM, 2002:315-322.

[86] GUSTAFSSON M,HORNQUISTA M,LOMBARDI A. Comparison and validation of community structures in complex networks[J]. Physica A,2006,367(1):559-576.

[87] SAMANTA M P,LIANG S. Predicting protein functions from redundancies in large-scale protein interaction networks[J]. Proceeding of the National Academy of Sciences,2003, 100(22):12579-12583.

[88] NEWMAN M E J. Finding community structure in networks using the eigenvectors of

matrices[J]. Physical Review E,2006,74(3):036104.

[89] LEE D D,SEUNG H S. Learning the parts of objects by non-negative matrix factorization [J]. Nature,1999,401(6755):788 – 791.

[90] DANON L, DUCH J, DIAZ-GUILERAM A, et al. Comparing community structure identification[J]. Journal of Statistical Mechanics (Theory and Experiment),2005(9): 9008 – 9017.

[91] ROSVALL M, BERGSTRON C T. An information-theoretic framework for resolving community structure in complex networks[J]. Proceeding of the National Academy of Sciences,2007,104(18):7327 – 7331.

[92] VAN ENGELEN J, HOOS H. A survey on semi-supervised learning[J]. Machine Learning,2020,109(2):373 – 440.

[93] SHEIKHPOUR R,SARRAM M,GHARAGHANI S,et al. A survey on semi-supervised feature selection methods[J]. Pattern Recognition,2017,64(1):141 – 158.

[94] CHAKRABARTI D,KUMAR R,TOMKINS A. Evolutionary clustering[C]//Proceedings of the 12th ACM SIGKDD International Conference on Knowledge Discovery and Data Mining. Philadelphia:ACM,2006:554 – 560.

[95] SUN J,FALOUTSOS C,PAPADIMITRIOU S,et al. Graphscope:parameter-free of large time evolving-graphs[C]//Proceedings International Conference on Knowledge Discovery and Data Mining (KDD'05). Chicago:ACM,2005:687 – 696.

[96] ASUR S,PARTHASARATHY S,UCAR D. An event-based framework for characterizing the evolutionary behavior of interaction graphs[J]. ACM Transactions on Knowledge Discovery from Data (TKDD),2009,3(4):1 – 36.

[97] TANG L,LIU H,ZHANG J. Identifying evolving groups in dynamic multimode networks [J]. IEEE Transactions on Knowledge and Data Engineering,2011,24(1):72 – 85.

[98] LIN Y R,CHI Y,ZHU S,et al. Analyzing communities and their evolutions in dynamic social networks[J]. ACM Transactions on Knowledge Discovery from Data(TKDD), 2009,3(2):1 – 31.

[99] CHI Y, SONG X, ZHOU D, et al. On evolutionary spectral clustering[J]. ACM Transactions on Knowledge Discovery from Data (TKDD),2009,3(4):1 – 30.

[100] KIM M S, HAN J. A particle-and-density based evolutionary clustering method for dynamic networks[J]. Proceedings of the VLDB Endowment,2009,2(1):622 – 633.

[101] JI S W, ZHANG W L, LIU J. A sparsity-inducing formulation for evolutionary

co-clustering[C]//Proceedings of the 18th ACM SIGKDD International Conference on Knowledge Discovery and Data Mining. Beijing:ACM,2012:334 - 342.

[102] AGGARWAL C, SUBBIAN K. Evolutionary network analysis: a survey[J]. ACM Computing Surveys (CSUR),2014,47(1):1 - 36.

[103] MA X K,GAO L,TAN K. Modeling disease progression using dynamics of pathway connectivity[J]. Bioinformatics,2014,30(16):2343 - 2350.

[104] CAI D,HE X F,HAN J W,et al. Graph regularized nonnegative matrix factorization for data representation [J]. IEEE Transactions on Pattern Analysis and Machine Intelligence,2010,33(8):1548 - 1560.

[105] WU S Q,JOSEPH A,HAMMONDS A S,et al. Stability-driven nonnegative matrix factorization to interpret spatial gene expression and build local gene networks[J]. Proceedings of the National Academy of Sciences,2016,113(16):4290 - 4295.

[106] FOLINO F, PIZZUTI C. An evolutionary multiobjective approach for community discovery in dynamic networks [J]. IEEE Transactions on Knowledge and Data Engineering,2013,26(8):1838 - 1852.

[107] AGGARWAL C C,PHILIP S Y,HAN J W,et al. A framework for clustering evolving data streams[C]//Proceedings 2003 VLDB Conference. Berlin: VLDB Endowmen, 2003:81 - 92.

[108] ASHBURNER M,BALL C A,BLAKE J A,et al. Gene ontology:tool for the unification of biology[J]. Nature Genetics,2000,25(1):25 - 29.

[109] KING A D, PRŽULJ N, JURISICA I. Protein complex prediction via cost-based clustering[J]. Bioinformatics,2004,20(17):3013 - 3020.

[110] BENJAMINI Y,HOCHBERG Y. Controlling the false discovery rate:a practical and powerful approach to multiple testing[J]. Journal of the Royal Statistical Society (series B) (Methodological),1995,57(1):289 - 300.

[111] MA X K,LI D Y,TAN S Y,et al. Detecting evolving communities in dynamic networks using graph regularized evolutionary nonnegative matrix factorization [J]. Physica A (Statistical Mechanics and its Applications),2019,530(1):121279.

[112] MA X K,GAO L,KARAMANLIDIS G,et al. Revealing pathway dynamics in heart diseases by analyzing multiple differential networks[J]. PLoS Computational Biology, 2015,11(6):1004332.

[113] NIE F P,CAI G H,LI J,et al. Auto-weighted multi-view learning for image clustering

and semi-supervised classification[J]. IEEE Transactions on Image Process,2017,27(3):1501 – 1511.

[114] WANG H,YANG Y,LIU B,et al. A study of graph-based system for multi-view clustering[J]. Knowledge-Based Systems,2019,163(1):1009 – 1019.

[115] FENG L,CAI L,LIU Y,et al. Multi-view spectral clustering via robust local subspace learning[J]. Soft Computing,2017,21 (8):1937 – 1948.

[116] ESTRADA E. The structure of complex networks:theory and applications[M]. Oxford: Oxford University Press,2012.

[117] MA X K,GAO L,YONG X R,et al. Semi-supervised clustering algorithm for community structure detection in complex networks[J]. Physica A,2010,389(1):187 – 197.

[118] LANCICHINETTI A,FORTUNATO S. Benchmarks for testing community detection algorithms on directed and weighted graphs with overlapping communities[J]. Physical Review E,2009,80(1):16118.

[119] DANON L,DIAZ-GUILERA A,DUCH J,et al. Comparing community structure identification[J]. Journal of Statistical Mechanics (Theory and Experiment),2005(9):09008.

[120] ROSSETTI G,PAPPALARDO L,RINZIVILLO S,et al. A novel approach to evaluate community detection algorithms on ground truth[J]. Complex Networks,2016(1):133 – 144.

[121] HUBERT L,ARABIE P. Comparing partitions[J]. Classification,1985,2(1):193 – 218.

[122] CAI H,LIU B,XIAO Y S,et al. Semi-supervised multi-view clustering based on constrained nonnegative matrix factorization[J]. Knowledge-Based Systems,2019,182(1):104798.

[123] KUMAR A,RAI P,DAUME H. Co-regularized multi-view spectral clustering[C]// Advances in Neural Information Processing Systems. Granada Spain:NIPS,2011:1413 – 1421.

[124] ZHAN K,ZHANG C Q,GUAN J P,et al. Graph learning for multiview clustering[J]. IEEE Transactions on Cybernetics,2017,48(10):2887 – 2895.

[125] PAUL S,CHEN Y,et al. Spectral and matrix factorization methods for consistent community detection in multi-layer networks[J]. The Annals of Statistics,2020,48(1):230 –250.

[126] WANG H, YANG Y, LIU B. GMC: graph-based multi-view clustering[J]. IEEE Transactions on Knowledge and Data Engineering, 2019, 32(6): 1116 - 1129.

[127] MAVROEIDIS D. Accelerating spectral clustering with partial supervision[J]. Data Mining and Knowledge Discovery, 2010, 21(2): 241 - 258.

[128] MIN B, YI S D, LEE K M, et al. Network robustness of multiplex networks with interlayer degree correlations[J]. Physical Review E, 2014, 89(4): 042811.

[129] XU Z Q, KE Y P, WANG Y, et al. A model-based approach to attributed graph clustering[C]//Proceedings of the 2012 ACM SIGMOD International Conference on Management of Data. Scottsdale: ACM, 2012: 505 - 516.

[130] COMBE D, LARGERON C, EGYED - ZSIGMOND E, et al. Combining relations and text in scientific network clustering[C]//2012 IEEE ACM International Conference on Advances in Social Networks Analysis and Mining. Istanbul: IEEE, 2012: 1248 - 1253.

[131] DANG T A, VIENNET E. Community detection based on structural and attribute similarities[C]//International Conference on Digital Society (ICDS). Valencia: IARIA, 2012: 7 - 12.

[132] ZHOU Y, CHENG H, YU J X. Graph clustering based on structural/attribute similarities[J]. Proceedings of the VLDB Endowment, Montreal: IMLS, 2009, 2(1): 718 - 729.

[133] LIU Y, NICULESCU-MIZIL A, GRYC W. Topic-link LDA: joint models of topic and author community[C]//Proceedings of the 26th Annual International Conference on Machine Learning. Montreal: IMLS, 2009: 665 - 672.

[134] HALLAC D, LESKOVEC J, BOYD S. Network lasso: Clustering and optimization in large graphs[C]//Proceedings of the 21th ACM SIGKDD International Conference on Knowledge Discovery and Data Mining. Sydney: ACM, 2015: 387 - 396.

[135] LEVY O, GOLDBERG Y. Neural word embedding as implicit matrix factorization[C]//Advances in Neural Information Processing Systems. Montreal: NIPS, 2014: 1 - 9.

[136] MIKOLOV T, CHEN K, CORRADO G, et al. Efficient estimation of word representations in vector space[J]. Computer Science, 2013(1): 1 - 12.

[137] WU H C. The Karush-Kuhn-Tucker optimality conditions in multiobjective programming problems with interval-valued objective functions[J]. European Journal of Operational Research, 2009, 196(1): 49 - 60.

[138] LI Y, SHA C F, HUANG X, et al. Community detection in attributed graphs: an

embedding approach[C]//32nd AAAI Conference on Artificial Intelligence. Nwe Orleans:AAAI,2018:1 - 8.

[139] MA X K,SUN P G. Fusing heterogeneous genomic data to discover cancer progression related dynamic modules[C]//2018 IEEE International Conference on Bioinformatics and Biomedicine (BIBM). Madrid:IEEE,2018:114 - 121.

[140] CAI D,HE X F,WU X Y,et al. Non - negative matrix factorization on manifold[C]// 2008 8th IEEE International Conference on Data Mining. Pisa:IEEE,2008:63 - 72.

[141] WANG X,JIN D,CAO X C,et al. Semantic community identification in large attribute networks[C]//Proceedings of the AAAI Conference on Artificial Intelligence. Phoenix: AAAI,2016:1 - 7.

[142] HUANG A. Similarity measures for text document clustering[C]//Proceedings of the 6th New Zealand Computer Science Research Student Conference (NZCSRSC2008). Christchurch:ACM,2008:9 - 56.

[143] LEE I,BLOM U M,WANG P I,et al. Prioritizing candidate disease genes by network-based boosting of genome-wide association data[J]. Genome research,2011,21(7): 1109 - 1121.

[144] YOUNG M D,WAKEFIELD M J,SMYTH G K,et al. Gene ontology analysis for RNA-seq:accounting for selection bias[J]. Genome Biology,2010,11(2):1 - 12.

[145] DU J L,YUAN Z F,MA Z W,et al. KEGG-PATH:kyoto encyclopedia of genes and genomes-based pathway analysis using a path analysis model[J]. Molecular BioSystems, 2014,10(9):2441 - 2447.

[146] THEMEAU T. A Package for Survival Analysis in S[J]. R package version,2015,2(7): 1 - 100.

[147] FLEISCHER T,FRIGESSI A,JOHNSON K C,et al. Genome-wide DNA methylation profiles in progression to in situand invasive carcinoma of the breast with impact on gene transcription and prognosis[J]. Genome Biology,2014,15(8):1 - 13.

[148] DE KIVIT S,MENSINK M,HOEKSTRA A T,et al. Stable human regulatory T cells switch to glycolysis following TNF receptor 2 costimulation[J]. Nature Metabolism, 2020,2(10):1046 - 1061.

[149] HINUMA S,HABATA Y,FUJII R,et al. A prolactin-releasing peptide in the brain[J]. Nature,1998,393(6682):272 - 276.

[150] LAWRENCE M S,STOJANOV P,MERMEL C H,et al. Discovery and saturation

analysis of cancer genes across 21 tumour types[J]. Nature,2014,505(7484):495 - 501.

[151] WEINSTEIN J N,LORENZI P L. Cancer: discrepancies in drug sensitivity[J]. Nature, 2013,504(7480):381 - 383.

[152] BARABASI A L, GULBAHCE N, LOSCALZO J. Network medicine: a network-based approach to human disease[J]. Nature Reviews Genetics,2013,18(1):56 - 68.

[153] VESPIGNANI A. Evolution thinks modular [J]. Nature Genetics, 2003, 35 (2): 118 - 119.

[154] PRZYTYCKA T M, SINGH M, SLONIM D K. Toward the dynamic interactome: it's about time[J]. Briefings in Bioinformatics,2010,2(1):15 - 29.

[155] WUCHTY S, OLTVAI Z N, BARABASI A L. Evolutionary conservation of motif constituents in the yeast protein interaction network[J]. Nature Genetics,2003,35(2): 176 - 179.

[156] KOMUROV K, WHITE M. Revealing static and dynamic modular architecture of the eukaryotic protein interaction network[J]. Molecular Systems Biology,2007,3(1):110 - 120.

[157] TAYLOR I W, LINDING R, WARDE-FARLEY D, et al. Dynamic modularity in protein interaction networks predicts breast cancer outcome[J]. Nature Biotechnology,2009,27 (2):199 - 204.

[158] KELLEY B P, SHARAN R, KARPT R M, et al. Conserved pathways within bacteria and yeast as revealed by global protein network alignment [J]. Proceedings of the National Academy of Sciences,2003,100(1):11394 - 11399.

[159] KOYUTURK M, GRAMA A, SZPANKOWSKI W. An efficient algorithm for detecting frequent subgraphs in biological networks[J]. Bioinformatics,2004,20(1):200 - 207.

[160] NARAYANAN M, VETTA A, SCHADT E E, et al. Simultaneous clustering of multiple gene expression and physical interaction datasets [J]. PLoS Computational Biology,2010,6(4):1000742.

[161] LI W Y, LIU C C, ZHANG T, et al. Integrative analysis of many weighted co-expression networks using tensor computation [J]. PLoS Computational Biology, 2011, 7 (6):1001106.

[162] ZHANG S H, LIU C C, LI W Y, et al. Discovery of multidimensional modules by integrative analysis of cancer genomic data[J]. Nucleic Acids Research,2012,40(19): 9379 - 9391.

[163] VANUNU O, MAGGER O, RUPPIN E, et al. Associating Genes and Protein Complexes with Disease via Network Propagation [J]. PLoS Computational Biology, 2010, 6 (1):1000641.

[164] ZHOU D Y, BOUSQUET O, LAL T N, et al. Learning with local and global consistency [C]//Advances in Neural Information Processing Systems, Vancouver: NIPS, 2004: 321 - 328.

[165] PLEASANCE E D, CHEETHAM R K, STEPHENS P J, et al. A comprehensive catalogue of somatic mutations from a human cancer genome[J]. Nature, 2010, 463 (7278):191 - 196.

[166] ASHBURNER M, BALL C A, BLAKE J A, et al. Gene ontology: tool for the unification of biology[J]. Nature Genetics, 2000, 25:25 - 29.

[167] KANEHISA M, GOTO S, SATO Y, et al. KEGG for integration and interpretation of large-scale molecular data sets[J]. Nucleic Acids Research, 2012, 40(D1):D109 - D114.

[168] NISHIMURA D. BioCarta[J]. Biotech Software and Internet Report, 2001, 2(3):117 - 120.

[169] SUBRAMANIAN A, TAMAYO P, MOOTHA V K, et al. Gene set enrichment analysis: a knowledge-based approach for interpreting genome-wide expression profiles[J]. Proceedings of the National Academy of Sciences, 2005, 102(43):15545 - 15550.

[170] CHUANG H Y, LEE E, LIU Y T, et al. Network-based classification of breast cancer metastasis[J]. Molecular Systems Biology, 2007, 3(1):140 - 149.

[171] PALLA G, BARABÁSI A L, VICSEK T. Quantifying social group evolution[J]. Nature, 2007, 446(7136):664 - 667.